高等职业教育“十二五”规划教材

职业素质培养与测评

Vocational

马红麟 刘威 王梦鹃 编著

人民邮电出版社
北京

图书在版编目（CIP）数据

职业素质培养与测评 / 马红麟，刘威，王梦鹄编著
. -- 北京 : 人民邮电出版社，2013.8（2019.2重印）
高等职业教育"十二五"规划教材
ISBN 978-7-115-31758-2

Ⅰ. ①职… Ⅱ. ①马… ②刘… ③王… Ⅲ. ①职业道德－高等职业教育－教材②素质教育－高等职业教育－教材 Ⅳ. ①B822.9②G71

中国版本图书馆CIP数据核字(2013)第132328号

内 容 提 要

本书系统地探讨了职业人才的职业素质培养问题。主要内容有：职业素质培养导论，职业素质与知识、技术、能力，职业素质与心理，职业理想与职业生涯规划，职业信念及其修养，职业心态及其培养，职业道德及其基本规范，职业情感与情商，职业智能培养，企业文化素质与培养，创造、创意与创业，职业素质测评。本书内容丰富、语言精炼，理论与实践相结合，具有理论和实践价值。

本书是一本培养、培训职业素质的教材，适合职业院校师生阅读，也可供一般大学生以及职业者参考。

◆ 编　　著　马红麟　刘威　王梦鹄
责任编辑　韩旭光
责任印制　焦志炜

◆ 人民邮电出版社出版发行　　北京市丰台区成寿寺路11号
邮编　100164　　电子邮件　315@ptpress.com.cn
网址　http://www.ptpress.com.cn
北京中石油彩色印刷有限责任公司印刷

◆ 开本：787×1092　1/16
印张：7　　2013年8月第1版
字数：130千字　　2019年2月北京第2次印刷

定价：29.00元

读者服务热线：(010)81055256　印装质量热线：(010)81055316
反盗版热线：(010)81055315

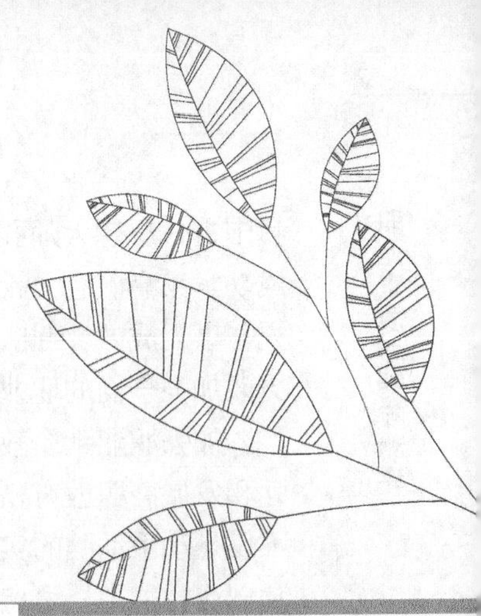

前言

Preface

随着社会知识经济的高速发展，社会职业领域对职业人才的职业素质要求越来越高。对职业素质的高要求，不仅体现在科学文化素质方面，更多地体现在素质的全面提高上。换言之，人才的职业素质观有了重大变化。社会各个领域对职业院校培养的毕业生的职业素质要求越来越高，不再是“评头论足”，不再是仅仅看看学历，而是更重视实实在在的职业素质。对于技能型人才不仅看操作技能，还要看心智技能，更要看创新能力。

现在职业技能型人才的学历层次虽然提高了，但真正的职业素质还没有显著地变化。人们普遍认为，职业院校毕业生心理素质、智能因素和非智能因素发展不平衡，非智能因素不够成熟。譬如对企（事）业忠诚度不高，敬业精神缺失，团队协作习惯没有养成等。

古今中外的贤哲们都将诚信、敬业视为立人立业之首。

我国古代思想大师孔子说："人而无信，不知其可也。"现代成功学家拿破仑·希尔说："敬业为立业之本，不敬业者终究一事无成。"因此，职业教育不但要重视技术技能教育，更要加强全面的职业素质教育。

加强职业素质教育，必须转变职业素质教育观。我国建立和发展高职教育以来，强调了"能力本位"。这个"能力"，不仅是动手动脑的实践能力，还应当包括立人立业，乃至建功创业的能力、可持续发展的能力，并要内化为素质。

现代成功心理学在研究了职（事）业者的成功规律后，主要得出了八条规律：心态积极成功律、自信有为成功律、励志不移成功律、情商提升成功律、创新致胜成功律、智能发挥成功律、笃行实践成功律、顺势而行成功律。本书以此为根据探讨了职业素质培养的内容和规律。换言之，本书将职业素质培养与现代成功心理学联系起来，力图另辟蹊径，有效解决职业素质教育和自我培养问题。参与编著的还有李春荣、杨永利、谈莉莉、武淼等老师。

本书的出版得到"教育教学—通信技术专业—教学资源建设"项目资助，在此表示衷心的感谢。

本书在策划和撰写过程中，参考了很多学者的研究成果和论著，借本书出版之际，表示诚挚的感谢。

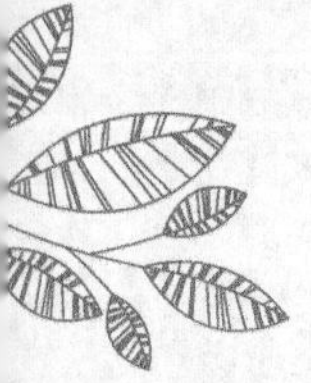

编　者

于北京电子科技职业学院

2013 年 3 月

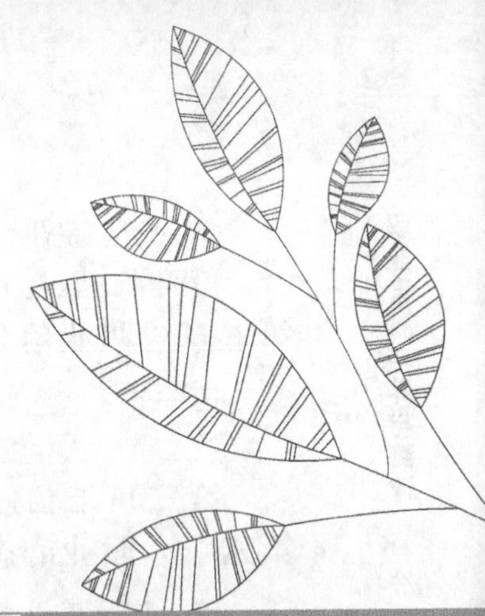

目录

Contents

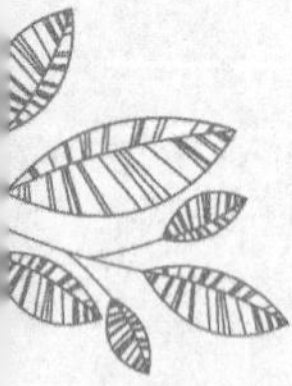

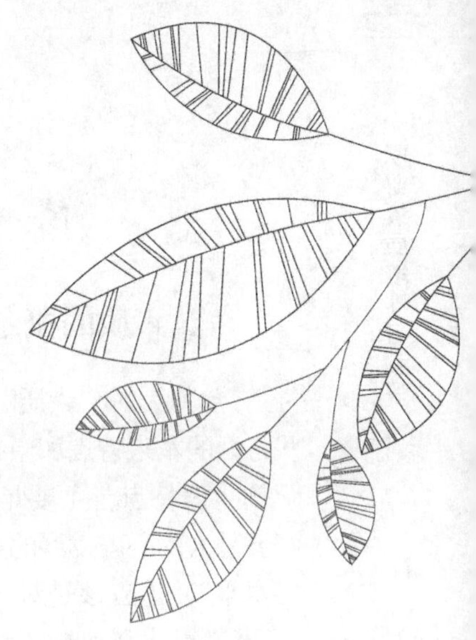

第一章

职业素质培养导论

Chapter 1

职业素质培养是关系人生的一项大计，既关系个人一生的生计，也关系到个人与社会的关系。因此，职业素质的培养既是个人的自我培养，也是社会对其成员的职业培养。本章主要阐述与职业素质培养有关的几个基本概念和观念。

第一节 素质

一、素质的概念

《辞海》对“素质”的解释是，素质是“人或事物在某些方面的本来特点和原有基础。在心理学上，指的是先天的解剖生理特点，主要是感觉器官和神经素质方面的特点神经。是人的心理发展的条件，但不能决定人的心理内容和发展水平”。这应该是对“素质”的狭义解释。

《教育大辞典》认为素质是指“公民或某种专门人才的基本品质，如国民素质、民族素质、干部素质、教师素质、教师素质和作家素质等。”这个解释是对“素质”的广义解释，强调了素质的整体性和综合性。

《现代汉语词典》对“素质”的解释有三点：一是指事物本来的性质；二是素养，如提高科学文化素养；三是指的神经系统和感觉器官上的先天的特点。这个解释涵盖了狭义解释和广义解释。

综上所述，可以看出，人的素质有两个方面：自然素质（天生素质）和社会素质（后天养成素质）。正如教育家燕国材所说：“人的素质就是人的本质和本性。人之所以成为人，而与动物区别开来，就在于具有人的素质。正如大家所知道的，人的本质、本性有两个方面，一是自然本性（本质、素质），一是社会本性（本质、素质）。按照马克思主义的观点，

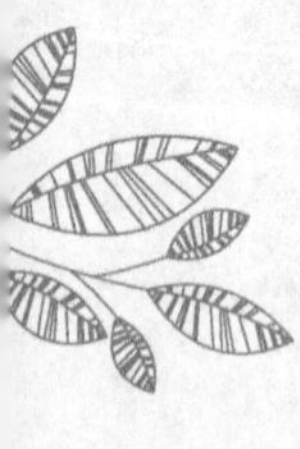

人的社会本性是主要的，连其自然本性也打上了社会性的烙印。”显然，心理学讲地是人的自然素质，未包含人的社会素质，是一种狭义的素质；广义的素质应当涵盖自然素质（天生素质）和社会素质（后天养成素质）。自然素质是人与生俱来的，社会素质是人通过教育、社会环境作用、氛围熏陶和感染等生成的。

从广义上看，一个人的素质取决于四个方面：与生俱来的自然本性（本质、素质）、对客观事物的认知（知识）、具有的活动方式（技能）和对客观事物反应的倾向。

二、素质的来源

在人的素质来源上，曾经出现过两种观点：遗传决定论（认为人的素质取决于人先天的生理和心理因素）和环境决定论（认为人的素质是后天养成的，由环境决定）。马克思主义综合了这两种观点，认为人的先天要素对人的素质发展、探索和完善起着基础性作用（有时甚至是决定性作用）；同时，也认为人的素质是可以后天培养的，后天教育培养对人的素质会产生决定性的影响。一个人能养成、提升和完善哪些素质，达到何种程度，既取决于天赋，也取决于个人的自我修养和外在培养是否得力。

从素质内涵上分析，首先，在素质的第一个层面上是人的禀赋或天赋，可以称为先天素质，它来源于遗传；而在第二个层面上，是在先天素质的基础上，由于环境（知识、技能教育等）的作用而高度内化形成的后天素质。这后天素质既取决于天赋，也取决于个人的自我修养和外在培养是否得力。其次，再从素质内涵的不同内容来看，素质来源于知识、技能、情意因素（情感、态度、价值观）的迁移、整合与内化。

三、素质的分类

目前，学术界关于“素质分类”的比较一致的看法是将素质分为三大类：生理素质、心理素质和社会素质。这三大类素质具有相互制约、相互渗透的辩证关系。

1. 生理素质

生理素质也称为身体素质、自然素质，基本属于先天素质，是与生俱来的。后天锻炼可以使它得到强化。

2. 心理素质

心理素质是与生俱来与后天获得的综合、整合和融合。它以生理素质为基础，并在实践活动中通过主体与客体的相互作用，而逐步发掘、发挥和养成的心理潜能、能量、特点、品质和行为的综合。可见，心理素质由五个方面组成，详细见表 1-1。

表 1–1　　心理素质的内涵

心理素质	心理素质内涵
心理潜能	每个人都具有大量的潜能。人本主义心理学家肯定，每个人生来都具有优秀的潜能，并都亟欲将潜能发挥出来，实现自己的人生理想。潜能并不神秘，它是人的心理素质乃至社会性素质赖以形成与发展的基础或前提条件

续表

心理素质	心理素质内涵
心理能量	心理能量也称为心理能力或心理力量，或简称为心能。从系统论来说，人也是一个系统，由生理系统和心理系统组成，这两个子系统都是具有力量（能量）的，分别称为体力和心力，是心理素质的体现，其大小强弱能反映出心理素质的水平
心理特点	人的心理特点可归纳为“六对统一”：客观性与主观性的统一、受动性与能动性的统一、自然性与社会性的统一、共同性与差别性的统一、质量与数量的统一、时空性与超时空性的统一。人的各种心理现象也具有各自的特点，如感知的直接性与具体性、思维的间接性与概括性、情感的波动性与感染性、意志的目的性与调控性等。从某种意义上说，心理特点就是心理素质的标志
心理品质	品质一般有两个含义：个别差异和培养标准。个别差异是指人与人之间的心理品质水平互不相同；培养标准是要求人们的心理所应当达到的水平。每一种心理形象都具有一定的品质，如记忆的敏捷性、持久性、准确性、备用性、可提取性等，思维的灵活性、深刻性、独立性、批判性、发散性、收敛性、形象性、抽象性等，情感的倾向性、多样性、稳定性、功效性、可变动性等，意志的自觉性、果断性、坚持性、自制性等。心理品质的优劣，最能表现出人的心理素质水平。心理品质是后天习得的
心理行为	人的外部行为，都是受心理活动支配的，都是心理活动的外部表现。从这个意义上讲，人的一切行为都可以称为心理行为。心理行为是心理素质的标志，可以通过它来检验心理素质水平的高低。而且前述的心理潜能、心理能量、心理特点、心理品质，也都会在一定程度上反映出来。可见，心理行为是构成心理素质的一个重要组成要素

综上所述，培养心理素质，就是要发挥、发展、培养、

提高、训练智力因素与非智力因素的心理潜能、心理能量、心理特点、心理品质和心理行为。

3. 社会素质

社会素质是后天获得的，属于后天素质，包括科技文化素质和人文素质。科技文化素质是指人在处理与自然、社会的关系中应该具备的科技知识、技能、经验等；人文素质主要是指人的涵养，与人性、情感、情绪、欲望、人际关系与智能、价值观等密切相关的做人的素质。

四、素质的价值取向

素质的产生或生成、发展或提升，乃至完善，是以所在的环境为条件的。实际上，这种环境包括人才成长的学校环境、家庭环境、社会环境、一个组织的环境等，都为人才素质的生成、发展、提升和完善，提供了一定的条件；同时，人才也要为其素质的生成、发展、提升和完善，创建一定的条件。例如，高职学生要配合教师构建教学场的情境等。高职教育阶段，由于高职生正处于世界观、人生观、价值观、职业观等形成和发展的关键阶段，教育环境对其健康、全面素质，特别是职业素质的形成和提升往往起到非常重要的作用。

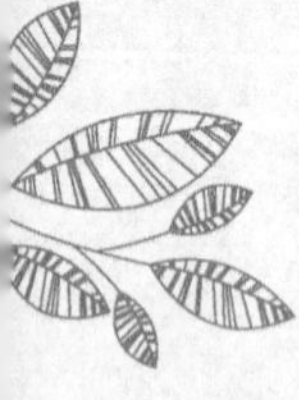

素质的生成和发展是随着环境变化而变化的。环境既是素质生成的条件，也是素质发展、特殊的前提。所谓“环境造就人才”，就是这个道理。对于素质培养，环境的创设或构建是非常关键的。一个艰苦环境对于渴望成才的人，可以锻炼其坚强的意志与品质，而对于只懂得享受者而言，则可能寻求逃避，难以达到成长的目标；一个安逸的环境往往会使享受者丧失意志力；而对于奋进者，会令其更加奋发图强。因此，环境对于人的素质影响不是绝对的。依据辩证的观点，个人的价值取向对人的素质的培养起着决定性的作用。

环境对素质的价值有着直接的影响。哪些素质具有价值，哪些素质具有更高的价值，主要是由社会的核心价值观或主导价值观决定的。社会的核心价值观或主导价值观影响着绝大多数人才素质的发展方向。但最终的素质价值取向，还是取决于个人的决定。因此，人才素质的价值取向，需要积极引导，包括正面的引导和多种方式的潜移默化和渗透。

第二节 职业、专业与事业

职业是以生产的社会分工为基础的。自从在生产中出现分工以后，职业就产生了。随着生产力的不断发展，人类职业活动的种类越来越多，至今可以说举不胜举。现代人面对形形色色的职业挑战和机遇，不免会遇到择业和从业的种种困惑。因此，现代意义上的职业教育便应时而生了。

一、“职业”的界定和职业特征

自从人类社会有了职业活动以来，职业就伴随在人类生产生活洪流之中，人们在使用该词时并不感到什么困难，在理解和认识上也无多大的分歧和误解。例如，工人做工造物、农民耕田得谷、教师教书育人、商人经商逐利、官员从政兴国等，在社会这个大家庭里，各从其业、各尽其职，实现其人生价值，并为社会服务、做贡献，当然也从社会获得报酬。正是这些不同的职业，在满足每个人谋生、实现其人生价值的同时，也推动着社会不断地向前发展。

理解“职业”的含义虽然不难，但要为它下一个科学的定义就不那么容易了。由于职业本身的复杂性、多样性和可持续发展性，至今对其定义仍是众说纷纭。那么，究竟怎么来给“职业”下个科学的定义呢?

《现代汉语词典》认为，职业是“个人在社会中所从事的作为主要生活来源的工作”。

美国社会学家塞尔兹认为，职业是一个人为了不断取得收入而连续从事的具有市场价值的特殊活动，这种活动决定着从事它的那个人的社会地位。

日本学者尾高邦雄则说：“所谓职业，是个性的发挥、任务的实现和维持生活的连续性的人类活动”。日本劳动问题专家保谷六郎更认为：“职业是有劳动能力的人为了生活所需而发挥个人能力，向社会做贡献而连续从事的活动”。

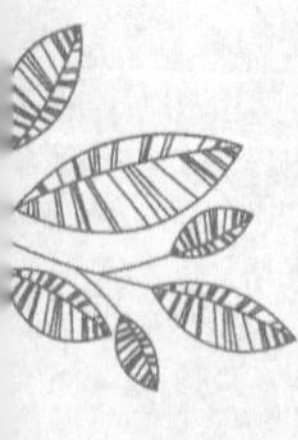

我国自改革开放以来，随着科学技术进步及社会经济迅猛发展，产业结构的巨大变化和调整，以及人力资源的

构成关系、配置比例的变动，职业结构也发生了很大的变动。因此，职业问题就形成了新的热门话题。社会学家、心理学家和职业教育学家都参与其中，对“职业”这个概念开始重新界定。其中在张海燕主编的《大学生职业辅导》一书中，就有了新颖的说法：“职业是人一生从事的工作、岗位和所扮演的一系列角色的综合，它既是可以从中获取应有报酬的岗位，又是扮演一定社会角色、履行自身社会职责的天地，它还是使个人的人生价值得以体现的场所”。

从上述的论述中可以看出，作为人类的一种最基本的活动，职业至少包含三层内涵。

第一，活动的技术性。能称得上职业的社会生产活动或社会服务活动，一定有其专门的职业技能或技艺，不经过学习、训练，难以掌握和运用。如各种中高级技工、技师、工程师、设计师、教师、医生、演员等，都得经过一定的学习、培训达到相应的技术水平，才能从事其职业工作，各级职业教育和职业培训，以及各种职业资格认证制度的开展，也充分说明了职业的这个属性。

第二，活动的价值性。职业不仅能实现个体谋生的需求，解决个人的“主要生活来源”，而且还能使个体发挥其潜能，实现其人生价值（即作为创造者的价值）。因此，一个人一旦认为自己选准了一项职业，就会持久地从事这项职业，而不再当做“打零工式”的赚钱活动。

第三，活动的社会性。人在选择和从事某项职业时，固然有其谋生的需要，但是在其连续的工作中必然会为社会、为他人做出贡献，充当了一个不可或缺的社会角色。因此，职业的这个本质内涵反映着每个人与社会的关系。

归纳上述的分析，我们可以认为，职业是个人在掌握了专门的技能技艺后，所从事的谋生和实现人生价值（自身价值和社会价值）的持久的活动或工作。

被誉为世界古代文化名人之首、东方古代思想大师的孔子虽然也从事过一段政务，当过不大的官吏，但他一生所做的事业是教育，是名副其实的大教育家、大思想家；名冠全球的现代理论物理学家爱因斯坦虽然大学毕业后，为了谋生，不得不做一段时间邮局的小职员，但他真正的事业，即职业是理论物理学的研究，是持之以恒的理论物理学大师；法国大作家巴尔扎克学过法律，做过短期的法律工作，但他坚定地认为他的人生价值在于写作，虽然为了糊口，他不得不兼做点商业，但贯穿他一生的职业就是作家；鲁迅曾学过医，但当他看到中国人民的灾难和日本侵略者的暴行，就决然地弃医从文，用其笔杆子投入战斗，为唤起民众，抗击日寇付出毕生的心血，他的一生是革命作家的人生；无产阶级革命的伟大导师恩格斯，为了和马克思共同开辟无产阶级革命事业，不得不经办其企业，但他真正的职业却是开创无产阶级革命的学说和实践等；此类例子不胜枚举。可见，职业不仅是谋生获酬的连续长期的活动，而且也是实现

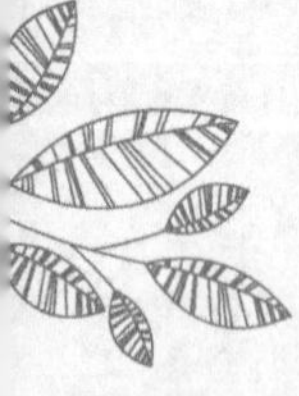

人生价值的长期活动；不仅是满足个人需要，更是满足社会需要的人的社会性活动。

从整个社会来看，职业可以满足人们的基本需要。个人获得职业，实现了生存的需要，并获得归属和安全感；经过努力实现其社会价值，对社会有所贡献，受到社会的尊重；社会则通过各个职业的协调发展，使经济发展、科学技术进步、社会生活和谐稳定。

二、专业

“专业”也是一个复杂的概念。按照辞义学的解释，所谓“专”，即精神、精力集中或汇聚在一件事上的状态；所谓“业”即行业、职业、事业、产业，亦即人们从事的各种社会活动或工作。将“专”和“业”联用，结合成一个词汇“专业”，则是专心致志从事的社会活动或工作。

《现代汉语词典》对“专业”有两种解释：一是指高等学校的一个系里或中等专业学校里，根据科学分工或生产部门的分工把学业分成的门类；二是指产业部门中根据产品生产的不同过程而分成的各业务部分。

一般可以从广义、狭义和特指三个层面来理解“专业”的内涵。广义的“专业”是指某种职业不同于其他职业的一些特定的业务；狭义的“专业”，主要指的是某些特定的职业，其中的从业者所从事的业务是比较高级、复杂、专门化很强的业务，一般人所理解的专业，多指这类特定的职业；所谓特指的“专业”，是指高等学校的专业。在高等教育领域里，“专业”是“课程的一种组织形式”，在西方高等教育中，“专业”大致相当于“国际教育标准分类”中的课程计划或课程方案。

目前，我国高等学校的类型和定位正处在新的整合之中，根据人才培养的类型和层次、科学研究和社会服务的不同，纵向划分为学术型大学（研究型大学、应用研究型大学）、应用型大学和高等职业学院三大类。高等学校的类型和定位不同，其专业的划分也不同。前两种类型高等学校的专业，是按照学科类型划分的；而高等职业学院的专业，主要是按照职业群或行业来划分的。

三、事业

《现代汉语词典》对“事业”的解释有两种：一是人所从事的、具有一定目标、规模和系统而对社会发展有影响的经常活动，如革命事业、社会主义事业、共产主义事业、科学文化事业等；二是指没有生产收入、由国家经费开支、不进行经济核算的活动或单位，如事业单位等。

一般还可以将“事业”理解为一个人终身的活动，生命不息，事业不止。例如，革命家将自己的一生献给人类最壮丽的革命事业；科学家、文学家等为科学文化事业奋斗终身等。一个人的职业，会因为退休而终止；但是，他为人类社会、为人民服务的事业却是无止境的，这就是“生命不息，事业不止”。

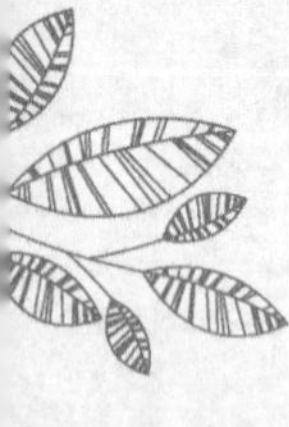

第三节 职业素质及其形成过程

一、职业素质概念

职业素质是从业者对社会职业了解与适应能力的一种综合素质或体现。其主要表现在专业素质（专业知识、专业技能、专业理论、专业组织管理能力以及综合职业能力）和一般职业素质（职业理想、职业目标、职业需求、职业兴趣、职业情感、职业态度、职业道德、职业个性等）两大方面。在职业素质中，专业素质是第一位的，而职业道德和敬业精神则是统领、是灵魂。素质在职场上的体现，就是职业素养；素质在生活中的体现，就是个人素质或者道德修养。职场上个体行为的总和或综合，就构成了一个人的职业素质。

影响和制约职业素质的因素很多，主要包括：从业者受教育程度、实践经验、社会环境、工作经历以及从业者自身的基本情况（身心健康）。一般来说，从业者能否顺利就业或创业，并取得成功或成就，在很大程度上取决于其职业素质。职业素质越高的从业者，获得成功的机会就越多。

综上所述，可以将职业素质定义为：从业者在一定生理、心理条件基础上，通过职业教育培训、职业实践和自我修炼修养等途径所形成、发展和完善起来的，在职业活动中起决定性作用的、内在的、相对稳定的基本品质或素质。

二、职业素质的主要特征

从职业素质的基本概念的界定可以看出，职业素质是表示从业者在社会职业领域里形成并延续生存能力的基本特质。因此，职业素质具有职业性、内在性、稳定性、整体性和发展性等一系列特征。详细见表1-2。

表1–2　　职业素质的主要特征

素质特征	内涵
职业性	不同职业的职业素质是互不相同的。例如，对教师、医生、律师、IT 设计师、软件工程师、舞蹈家、歌唱家等不同职业人员的素质要求是各不相同的
内在性	从业者在长期的职业活动中，经过亲自学习、认知和体验，会形成自己学习、工作的模式、方式方法、技能技巧和习惯，并能清楚地意识到对或错。这种有意识地内化、积淀和升华形成的心理品质，就是职业素质的内在性
稳定性	从业者的职业素质是在长期从业过程中日积月累积淀和完善的，一旦形成，就会在一个相当长的时期内保持相对稳定的状态，即相对确定性。譬如一位教师经历三年五载的教学生活，就会逐渐形成怎样分析学情和教学重点难点，怎样进行教学设计，怎样运用教学模式和策略，怎样组织教学过程和正确进行学业评价，怎样热爱学生，怎样为人师表等一系列教师职业素质，并保持比较长期的稳定状态。当然随着教学经历增加，还可提高这种素质
整体性	一个从业者的职业素质，是和他的整体素质有关的。一方面从业者的职业素质和他做人的思想政治素质、科学文化素质、身心健康素质、终身学习素质、审美创美素质等一般素质密切相关；另一方面，职业素质内的各个组成要素也是一体性的，职业素质的系统功能是各个组成要素功能的综合，具有整体性

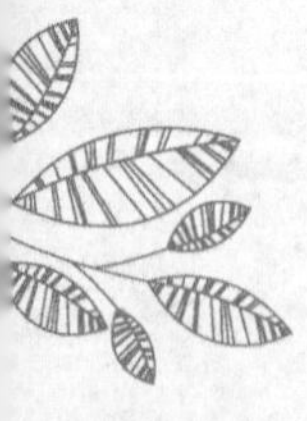

续表

素质特征	内涵
发展性	从业者的素质是通过教育、培训、自身职业实践和职业环境影响逐步形成的，有一定的相对稳定性。但是，随着社会职业的发展和变化，对职业素质必然会提出更新更高的要求，从业者为了适应这种要求，就要不断地提升其职业素质，因此职业素质又具有发展性的特征

三、职业素质的内涵

职业素质的内涵十分丰富，主要内涵如表 1-3 所示。

表 1–3　职业素质的内涵

职业素质	主要内涵
身体素质	从业者自身体质和生理健康。不同的职业或行业对身体素质都会提出最基本的要求。例如，有的职业对视力有较高的要求，有的职业对身高有最低要求，等等
心理素质	从业者在认知、感知、记忆、联想、想象、情感、态度、意志、个性特征（兴趣、需要、气质、性格、习惯等）等方面的素质。心理素质关系到从业者情商的水平
政治素质	从业者在政治立场、观点、信念与信仰等方面的素质。从业者必须具备应有的政治素质，才不会在社会生活中迷失方向
思想素质	从业者在思想认识、觉悟、方法，以及价值观等方面的素质。思想素质常受客观环境（家庭、社会、组织、群体等）等因素的影响，不同的思想素质也影响从业者的职业生涯

续表

职业素质	主要内涵
道德素质	从业者在道德认识、观念、情感、意志、行为、修养、组织纪律等方面的素质，它是从业者的社会存在意识的反映。每个人的存在都是互相关联的，其行为都要遵循一定的行为规范
科技文化素质	从业者在科学知识、文化知识、技术知识、文化修养等方面的素质。这是从业者在社会活动中必备的思想武器。社会在不断地发展，从业者对社会各方面的认识也必须发展。只有掌握先进的科技文化知识，才能在各种社会活动中展现自己的存在价值
审美素质	从业者在审美意识、情感、情趣、态度、能力（鉴赏力、创造力）等方面的素质。审美、追求美、创造美是人的精神生活的需要，也是实现物质生活的基础
社会交往、适应素质	主要指从业者语言表达和交流能力、社会生存和适应能力、社会活动能力等。这种能力，可以称为社会能力
学习、创新素质	从业者的学习能力、信息能力、创新意识、精神和能力、创业意识与能力，体现着个体的发展潜力以及对职业或行业的价值贡献
专业素质	从业者在专业知识、理论、技能技术，以及组织管理等方面的素质。社会分工将社会职业分成了不同的专业。因此，从事任何职业，都离不开一些特定专业范围的专业知识和技能

四、职业素质的形成、发展过程

形成和发展职业素质，是高职生就业和创业，实现人生价值的需要，也是经济社会可持续发展和社会用人单位生存、发展的需要。高职生应当充分利用职业院校的有利条件，在老师的指导下，抓紧自我培养，不断地形成和发展个人的职业素质，为就业或创业打下良好的基础。

1. 起始阶段

新生入学后，通过入学教育，了解校园及其周围环境，明了校纪校规，增强遵纪守法意识，提高自我约束和保护能力，实现从中学到大学的正常过渡；同时，通过专题讲座、《职业与专业》课程的学习，了解专业培养目标、专业和行业背景、培养方案（课程结构方案、课程之间的内在联系）、就业前景和岗位，积极树立专业思想，激起学好专业的兴趣和热情，增强学好专业的信心；还要了解学校办学理念和办学思想，培养热爱学校、尊敬老师的情感，制订学业规划。

2. “理实一体化”学习、锻炼阶段

以企业或单位用人标准为主线，逐步成为“准职业者”的角色转变。高职生在这个阶段要了解职业素质、职业能力的概念和要求；了解企业或单位用人标准和企业文化、了解岗位的任职要求，积极按照职业岗位素质要求，制订职业生涯发展规划，树立起职业理想；了解职业素质的全面内涵，激发培养职业素质的意识、热情，做好具体的自我培养和提高职业素质的计划，并严格贯彻实行；通过积极的自我反思和行动研究，抓紧职业素质的培养。

3. 技能实训阶段

这是高职生形成职业技能、综合职业能力，并为顶岗实习奠定基础的重要阶段。通过技能训练，培养职业工作质量

（如产品质量、服务质量等）意识、职业行为规范意识、建立爱岗敬业的职业情感和积极的心态，端正职业态度；明确岗位职责和要求，养成良好的工作习惯；强化操作技能技巧，增强综合实践能力；培养自主创意创新意识和能力，以及刻苦钻研精神，全面提升职业能力和职业素质。

4. 顶岗实习阶段

这是高职生职业素质全面养成的阶段，重点进行岗位规范、爱岗敬业和责任感的养成。首先，要明确顶岗实习的目的、意义、任务；其次，通过企业顶岗实习，在真实的职业环境中，接受规范化的企业文化教育，学会与人和谐相处、合作共事，培养爱岗敬业、吃苦耐劳的品质，培养科学严谨的工作态度和良好的职业道德，显著提高职业综合能力和职业综合素质；最后，通过撰写实习报告、完成毕业设计或论文，全面训练和提升职业综合能力和职业综合素质。

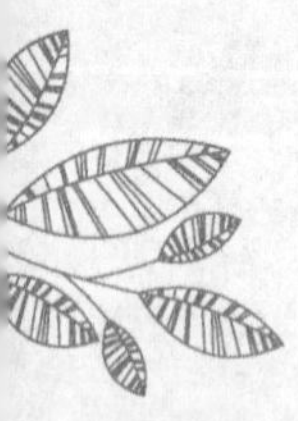

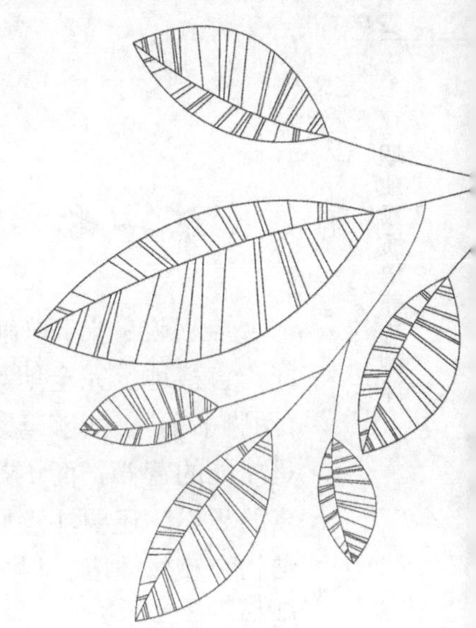

第二章

职业素质与知识、技术、能力

Chapter 2

职业素质的形成和发展是以知识、技术、能力为基础的，职业素质是三者内化的结果。

第一节　职业素质与知识

培根说："知识就是力量"。但是，不可把知识和能力直接地、完全地等同起来。只是占有知识，不过是"两脚书橱"；能够驾驭知识，才能转化为力量。知识只是才能的营养，而不是才能自身。求知，不但要注重数量的积累，还要注意质的提高，即注重到知识的层次、结构和整体效应，尽力掌握最新信息，建立最佳的知识结构。

高职生必须有丰富的职业知识，而且还要用充足的、优质的、结构最佳的知识来为自己的才能之树提供营养。这样，才能使自己的学业早日"开花结果"。

一、知识的概念

知识，是人类在认知和改造世界的实践中所获得的认识和经验的总和，是人们对客观事物的现象及其规律的认识的总和。它是人们认识和改造世界的工具，也是人们顺利完成各种职业活动所必须掌握和运用的工具。知识具有客观性，但它一旦被人内化（领悟、理解）和融会，便以经验或理论形式存在于人的头脑之中，或者通过物化存在于各种载体（书本、电脑等）之内。

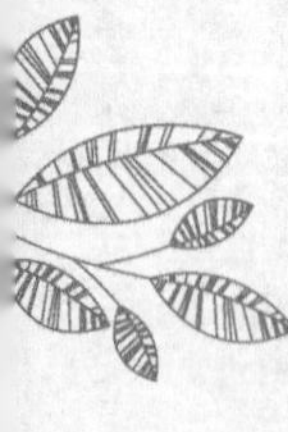

二、知识的分类

知识可从不同的视角，用不同的标准进行分类。总地可概括分为自然科学、社会科学、思维科学、人文科学、技术科学等。按现代学科进行分类，大约有 2 500 多种。

1. 按知识的层次划分

（1）事实：对具体事物的陈述及其运用实例的描述，如对象、符号以及事件之间的关系等。

（2）概念（定义）：对具有共同属性的一组对象、事件或符号的抽象性知识，如“两足而羽”为禽、“四足而毛”为兽等。

（3）规律（定理）：对客观事物因果关系的概括；规则，是推理和问题求解方法的知识。

（4）规范（标准）：对工程技术中的一些统一标准或特殊的规定。

（5）价值（应用）：对某定律或某事物运用程度的判断。

（6）方法：分析问题和解决问题的途径和措施。

在上述六种知识类型中，概念和规律具有很强的理论性；事实、规范、价值具有更多的实用性；方法有三个层次——学科或专业的方法、一般科学方法和哲学方法，前者较具体，重实用，后两者则偏于理性。高等职业院校的教学内容偏重应用性知识，即事实、规范、价值和实用层次方法类知识。但是，也不能忽视一些带根本性的，能长期起作用的通识性、基础性知识。因此，高等职业院校的课程既要强调应用，也要考虑能长期起作用的内容。

2. 世界经合组织对知识的划分

（1）事实知识，即只叙述事实，让人知道“是什么”的知识。

（2）原理知识，即关于社会与自然规律方面的，让人知道“为什么”的知识。

（3）技能知识，即关于做事的技法和能力方面的，让人知道“怎么做”的知识。如怎样操作设备、制造工具，如何掌握工艺，怎样进行市场调研，等等。

（4）人力知识，即指有关“谁”知道什么和知道怎样做的信息，让人知道“是谁的”知识。

这里的“知识”涵盖了常说的知识和能力两方面，亦即包括科学、技术、能力、管理等。

3. 教育界对知识的划分

在职业教育的教学中，常把知识分为：公共科学文化知识、专业基础知识和专业知识三种，或分为基础知识和专业技术知识两种。

各类知识，在高职生学习期间和就业之后，均有其功能和作用，不能偏废或忽视。过分强调应用，忽视基础，将缺失“后劲”，不仅会影响专业技术的学习、掌握和应用，而且会有碍可持续发展；过分强调理论，忽视实践，忽视技能，忽视应用，就不能体现高等职业教育的特色，达不到培养从业能力的目标。保证必要的理论知识学习，旨在夯实高职生

的基础理论、基本知识和基本技能，提高其一般智能，获得职业群需要的关键能力；注重专业知识学习，旨在使高职生扎实地掌握职业知识、职业技能和能力。因此，在教学中必须科学地、最佳地处理两者之间的关系。

三、知识结构及其意义

1. 知识结构的含义

知识是与实践密切联系的概念。它是人们在改造世界的实践中所获得的认识和经验的总和，事物之间是相互联系的，知识与知识之间也是相互联系的。各种知识之间的联系和关系，构成了知识网络体系，就称为知识结构。所以，知识结构，是各种知识之间按一定关系排列组合的网络体系。各种知识之间既有量的比例关系，也有质的组合关系。

知识结构，从宏观来看，在门类上有自然科学、社会科学和思维科学等之分；在层次上有基本知识和专门知识之别；在认识的深度上又有感性知识和理性知识。

具体到课程还有硬软之分，硬知识指知识的实体，即事实、现象、定律、定理、公式、法则等；软知识则指将硬知识组合成知识系统的规律和方法，以及运用的经验和手段和指导人们认识事物的思维方式。

在微观上，有人认为基本概念是知识体系的“硬核”，知识“核”之间的联系称为知识“链”，而知识“链”之间的联系称为知识“纤维”。任何知识体系都是由这些知识“核”、“链”和“纤维”构成的。

每个人的知识都不是单一的，而是复合的，是由多种知识构成的。不同的是，有的人的知识结构是合理的，有的人的知识结构是不合理的或不完全合理的。结构化的知识既便于学习、掌握，又便于应用。一个人有很多的知识，如果不能借助于合理的结构而形成一个有机统一的整体，那么这些知识就不能转化为能力，就没有什么价值，也就没有实际用处。这就如同一大堆机器零件散堆一处，不按一定结构组装起来构成一部机器，不过是一堆零件没有实际功能一样；又如中药铺的药架上装满了千百种草药，只有按照不同的处方把其中的若干种调配起来，才能收到祛病治疾的疗效，如果把各种草药胡乱倒在一锅里煎熬，不但不能治病，还会造成事故。

结构是与系统密切联系的概念。结构是指系统构成的形式，它是系统内部各个要素排列组合的方式。只有通过“结构”这个中介，各个要素方能互相联接，变成系统的属性和功能，形成系统综合效应。因此，只有合理的知识结构，才能具有潜在的创造功能；不合理的知识结构，就不会有任何创造功能。例如，爱因斯坦的好友贝索学识渊博，并对相对论的产生起了“助产士”的作用，但他一生并未创造大的科学成果，其原因之一就是他的渊博知识没能形成合理的结构，从而也就没有综合为创造力。

综上所述，知识结构是指知识体系在一个人的头脑中形成的、并由智力联系起来的多要素、多系列、多层次的动态综合体。知识结构具有一定的相对稳定性。在改造主观世界和客观世界的过程中，运用知识常受其知识结构的影响和制约。

2. 知识结构的特征

由于高职生心理素质的差异以及所处环境和专业要求不同，其知识结构也不相同。但就整体而言仍具有若干共同特征。

（1）整体性。客观世界本是各要素互相联系的整体，因此人类认识和改造世界的知识也必然是一个互相联系的整体。这就是说，知识体系具有整体性的特点。著名物理学家普朗克说："科学是内在的整体。它被分解为单独的部门不是取决于事物的本质，而是取决于人类认识能力的局限性。实际上存在着由物理到化学、通过生物学和人类学到社会科学的链条。"这样，人类对客观世界认识上的任何突破，以及对科学知识应用上的任何突破，都具有"牵一发而动全局的特点"，都需要整体性或综合性的知识。只有知识要素紧密联系、互相作用形成有机整体，才能真正发挥知识结构的作用。因此，完善的、合理的知识结构应具有广泛的综合性。高职生不仅要重视所学专业课程，而且要关注相关专业各课程之间的联系，从现代职业文化体系的整体关系构筑自己的知识结构。

（2）层次性。客观世界存在着无限可分的层次性，因而反映客观世界的知识也就存在着相应的层次性，从而也就决定了知识结构的层次性。高职生的知识结构一般可分为三个层次：基础层次、中间层次和最高层次。基础层次是高职生必须具备的基础理论知识，它是从事本行业或岗位活动和参加各种社会实践所必需的；中间层次是指本专业的一般的系统技术理论知识，这是一个人在专业上得到发展，从而投入创造的基础和前提；最高层次则是专业的最新知识和研究动态，这是高职生走向社会和开始创造的直接准备。三个层次是一层比一层高的有序的结构，忽视了较低层次，较高层次便成为空中楼阁；忽视了较高层次，较低层次便无法发挥其效用。高职生必须依次学好每一层次的知识，才能有序地建立合理的知识结构。

（3）动态性。现代社会职业是处在变化之中，因而职业人的知识结构不应是凝固的、僵化的和不变的，而应该是一个动态的、开放的，不断自我调控和更新的。同时，由于产业结构、技术结构在不断地变化，职业工作者知识结构也应当相应地调整、重建或更新。知识结构的这种动态特征表明，高职生不仅要学好本专业的知识，而且要学习专业相关知识。

3. 知识结构化的作用

知识结构化实质上就是知识系统化。结构化的知识比离散化的知识有更多优越性。在某种意义上，知识结构化是知识的内化，以形成人的素质。

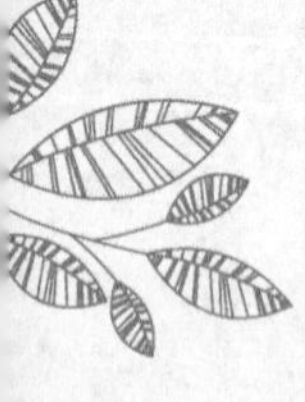

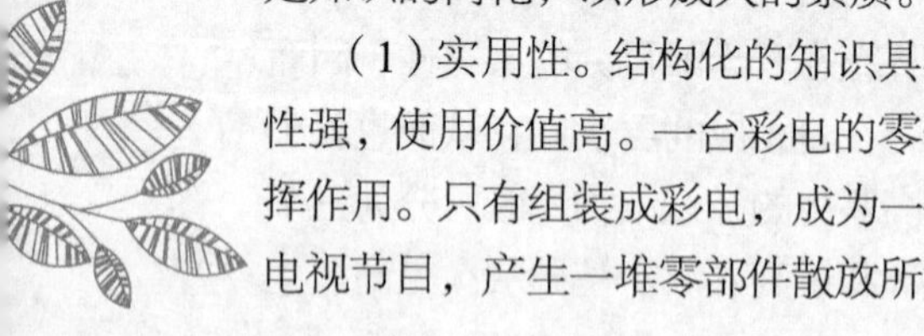

（1）实用性。结构化的知识具有良好的整体效应。实用性强，使用价值高。一台彩电的零部件堆积在一起，不能发挥作用。只有组装成彩电，成为一个有效的整体，才能放映电视节目，产生一堆零部件散放所没有的新的系统功能。获知也是一样，离散的知识转化不成智能，一旦所获知识形成系统，层次性强，同一层次异同分明，不同层次递进有序，就可以形成整体效应，可以转化为智能，或用来获取高层知识，或用来形成创造力。

（2）规律性。结构化的知识规律性强，是客观世界本来面目的完整反映或比较完整的反映，体现事物的必然的、内在的联系，便于理解。哲学家黑格尔说过，真理只有作为系统才是现实的。物理学家普朗克也强调科学是内在的整体。显然，只有规律性的东西，才容易被理解。

（3）稳定性。结构化的知识稳定性强，便于储存和记忆。正如一本几百页的书，装订成册就比几百张散页不易散失。知识经过结构化、系统化，便于联想、类比及记忆、巩固。教育家布鲁纳说得好，组织起来的材料是最有希望在记忆中自由出入的材料。

（4）培养能力的支柱。结构化的知识是培养能力的支柱。能力蕴藏在合理的知识结构和结构的重新组合之中。结构化的知识彼此联系紧密、互相影响，可产生巨大的转化力，有利于将知识转化为能力、发展智力和创造力，便于用来解决实际问题或发掘潜能、提高学习能力。

（5）养成素质的基础。结构化的知识是培养素质的基础。素质不是单一知识所能形成的，而是多种知识融合、内化的结果。

（6）繁殖新知。结构化的知识，有利于知识间的迁移、同化和顺应，便于繁殖新知，也就是知识创新。知识具有繁殖的特性。凭已形成的知识结构内部的矛盾运动，就会促进知识的自我发展，也即繁殖新知。现代的很多新学科，包括大量的新兴学科、边缘学科、交叉学科和横向学科，都是这样的新知。例如，工业设计学科就是科学技术和艺术科学高度有机统一的产物，其分支学科如工业产品造型设计、室内外环境设计、服装设计等也是一样。

四、学习和知识结构的关系

学习的实质就是不断改造和重建知识结构的过程，而知识结构又是继续学习的基础。

1. 知识结构是学习的基础

经过初、中等教育的高职生，已具备了知识结构的雏型。但是，要成长为高层次的人才，必须通过高职阶段的学习，建立高层次的知识结构和职业知识结构。

职业知识的获得是一个从已知到未知的系统化的逐步深化的学习过程。作为学习的主体，高职生获得新知是建立在先前获得的知识结构的基础之上的，也就是说，已有的知识结构是获取新知识的基础。

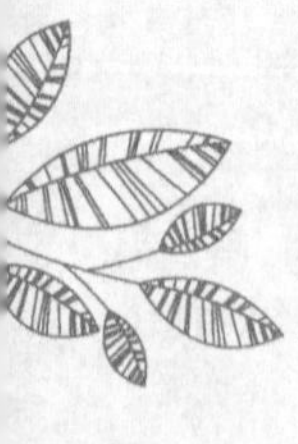

现代心理学研究表明，学习是同化—顺应—平衡这样一个基本过程。同化，是学习主体运用原有的知识结构去理解和消化来自外部的知识信息，并将其纳入原结构使原结构发生量的变化的过程；而当知识信息不能被原有知识结构同化时，主体就要调整原有的知识结构，重建新的知识结构，亦即原有的知识结构发生质变，以适应新现实，

这就是顺应。在同化、顺应的交替转化过程中，新的认识不断被整合为更为高级复杂的知识结构。

高职学习是一个连续的系统化的过程，也即连续的同化—顺应—平衡的循环升华或深化的过程。正如心理学家皮亚杰所说：“没有一种行为，构成一种绝对的开端，它是嫁接在以前的格式之上的。”

已有的知识结构决定学习主体的知识取向并保证其知识的获得。也即新知识的获得受原有知识结构的引导和制约。在个体知识结构中占优势地位的知识总是个体乐意获取的部分，所以在获取新知时，个体必然趋向于自己基础最好、最感兴趣的知识。这很明显，一个热爱美术又有艺术修养基础的人很容易在工业造型设计、服装设计和装璜设计等专业学习获得成功，而数理基础知识丰富的人则在机电等专业学习上会有所建树，这就是说，已有的知识结构在很大程度上决定着新知的获得。

2. 学习是改造和重建知识结构的过程

个体知识的获得不是一个数量简单累加的累积过程，而是伴随同化—顺应性认识的改造和重建过程。

知识结构的发展是一个连续的改造和重建的过程，新的知识结构是原有知识结构的扩展延伸，是在新水平上对原有知识结构进行改组而形成的新的知识系统。原有的知识结构是新知识结构构件的先决条件，并将为新知识结构所取代。

高职生的知识结构的改造和重建也是如此。高职生在原有知识结构的基础上，通过学习，不断获得有关知识短缺的信息反馈，以及对未来知识需求的科学预测，从而决定如何调整自己的知识取向，弥补自身的知识缺陷，扬长克短，使自己的知识结构获得动态性的调节，以适应现代职业文化的发展。为此，高职生就要学好教学计划规定的必修课，还要选学相关的选修课。此外，还可参加部分第二课堂活动（各种报告会、研讨会和讲座、专业知识竞赛、科技研究、艺术创作、设计创造等）。这些，对高职生知识结构的逐步合理化和最优化，都是极其重要的。

合理地、最优地确定高职生的知识结构，是课程开发亟待解决的重大课题。

3. 知识结构的类型和形成机制

知识结构的类型，按其形成机制可划分为两类：理论型知识结构和经验型知识结构。前者理论知识主导，其建构是一个演绎过程，如研究型大学生的知识结构；后者则是以经验知识为主的知识结构，其建构是一个归纳过程，高职生的知识结构属于此类。经验型知识结构建构目标明确，见效快。

按结构合理性来区分，可划分为合理性知识结构和不合理性知识结构。合理性知识结构有两个显著特征：结构的完整性和有序性。不合理性知识结构或是完整性差，或是有序性差，或者两者都差。在构建高职课程体系时，必须充分注意课程结构的完整性和有序性。

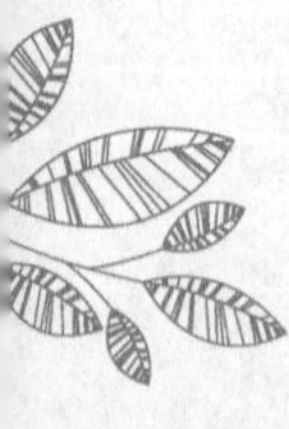

经验型知识结构往往选择实践思维和形象思维作为主

要的思维形式。其知识结构的吸纳与存储主要来自实践中的直觉直感，因而应具有直观性和形象性，常常需要操作思维和直觉思维。这种思维具有综合性、整体性。这正是高职生的主要思维方式。因此，高职课程开发要充分考虑经验型知识结构建构的特点。

4. 知识结构的建构方法

（1）新“旧”转化法。“旧”知是已经学会的、熟悉的知识，新知则是待学的、未学的知识。改造和重建知识结构，一方面是温故知新，凭借原有知识结构获取新知，另一方面是通过同化、顺应和镶嵌、纳入原有知识结构中。新知转化为“旧”知，方能增知；“旧”知转化为新知，才能获取更多知识。通过新“旧”转化，不断更新和完善知识结构。

（2）迁移法。迁移是事物具有普遍联系的一种反映。通常说的“举一反三”、“触类旁通”，指的就是学习迁移现象。先行学习对后续学习的影响是顺向迁移；后续学习对先行学习的影响是逆向迁移。有积极影响的是正迁移；起干扰作用的是负迁移。同一层次学习的互相影响是横向迁移；不同层次之间学习的互相影响是纵向迁移。创造条件，促进顺向、逆向、横向、纵向的正迁移，防止和抑制负迁移，是不断改造和重建知识结构的重要方法。

（3）拆卸组装法。人们认识事物首先是从整体开始的，先见森林后见树木，然而为了深入研究整体，又要进行“化整为零”拆卸分解，然后再“化零为整”组装复原，认清其原貌。

要掌握整个知识系统，只能一部分一部分地了解。高职教育把知识系统分成若干门课程，并按系列分层次有计划地组织教学，就是为了方便高职生逐步地、系统地掌握必要的知识，这就是“化整为零”。高职生在学习过程中，要运用组装法，不断“化零为整”。使学到的零散知识，由点串成线，由线结成网，由网组成块，使之链条化、网化、模块化；从而序化、层次化、条理化。一句话，就是系统化，将离散态知识组装成效果更佳的系统化、结构化的知识。

第二节　职业素质与技术

职业教育的教学目标指向应用性、实用性、技术性，指向职业技术专门化。技术包括技术知识、技术理论和技术应用能力，它是培养职业能力和素质的重要基础。因此，技术就成为职业教育教学的核心基础之一。

一、技术

1. 技术的概念

《现代汉语词典》将“技术”一词解释为：“人类在利用自然和改造自然过程中积累起来并在生产劳动中体现出来的经验和知识，也泛指其他方面的技巧。”

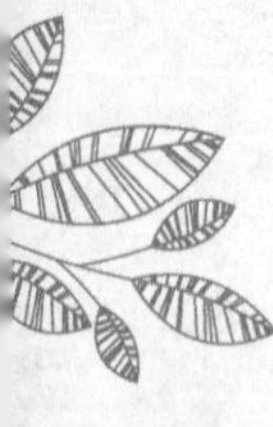

在现代，技术已经不仅仅是物质生产领域的工作、活动

的方法、程序、手段和设备的运用技巧，在医疗、教育等第三产业领域中同样存在技术。技术包括传统技术（经验技术）和现代技术（以现代科学、包括技术科学为基础的技术）。因此，可以给“技术”以如下定义：“运用科学技术知识、经验进行生产、服务活动的方式方法、程序步骤和运用生产、服务手段与设备的技能技巧。”

研究表明，从科学、技术理论到技术实现，需要经历两个环节：

第一，把新的科学理论或技术理论知识转化为新的技术规范；

第二，把新的技术规范具体化为新的技术方案，并加以实施。

2. 技术的特性

（1）独立性。技术与科学有着密切的关系，但是，又有其独立性。一般认为技术是科学在各个领域中的应用或运用，其实不然，有的技术是先于科学产生的，即先有技术，后有相应的科学；另外，科学转变为技术，并不是科学的简单应用，而是要经历一番曲折、艰辛的转化过程。因此，技术的独立性是客观存在的。技术独立性的这种客观存在，为职业课程的独立开发奠定了客观基础。认知心理学的最新发展和教育领域特殊性理论，为职业技术提供了可行性依据。根据这种理论，职业技术技能和能力的培养，并非必然地要依赖学科理论和知识做基础；而应当是另辟新径，按照职业技术技能和能力的生成和培养规律和机制，独立地进行。学科课程是根据学科学术体系进行开发和构建；职业课程则应当按照职业或行业的工作体系进行开发和构建。正是这种技术独立性，才使职业课程论从一般课程论分离出来而成为一门学问。

（2）社会性、人文性。技术是人类文明的有机组成部分，也是经济发展和社会进步的重要推动力量。随着人类进入后工业社会，信息技术、新材料技术、现代生物技术等新技术，正迅猛而深刻地影响着人类的生产和生活方式，影响着人们之间的社会关系和人的世界观；同时，技术进入社会生活，便成为一种新文化、有了人文性。技术从物化走向人物融合，实现技术与人文的结合、融合，就更深刻影响了人的人文价值观。当然，技术也是一把双刃剑，恰恰是技术的社会和人文作用带来了一些负面效应（环境污染、新式武器带来越来越大的灾难等）。

① 从技术的本身特征来看，技术是人类认识世界和改造世界的社会活动的产物，也是人类认识世界和改造世界的武器。技术发展经历了三个阶段的变化：手工工具—机器工具—信息技术工具。这些技术的标志性特征记录了技术推动社会由农业社会—工业社会—知识经济社会的变迁，显示了技术的巨大作用和威力。

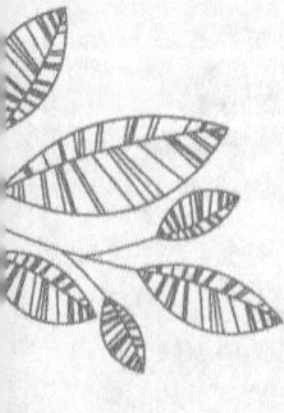

② 从技术的发展角度来看，人类的技术观是一个向社会性、人文性倾斜的过程，也是技术的社会性、人文性不断增强的过程。

③ 从技术价值观来看，经历了由单纯偏重效益到注重

人性情感等人文因素的过程。前工业社会的技术是高情感、低效益的技术，其核心价值是效用；工业社会的技术是高效益、低情感的技术；后工业社会的技术，是走向高效益、高情感的技术。当今社会，一种新技术即使可行，如果违背伦理道德、人性需求、人文精神等，就会受到限制。技术的发展，还要处理好人与自然的关系，经济效益与社会安全、和谐、稳定的关系，并要关注深层次的人的精神和人文价值问题。

显然，技术的社会性、人文性是开发、构建职业课程的思想基础，它与技术的独立性一起，建构了职业课程的宽厚基础，并赋予职业课程更全面、更深刻、更广阔的教育视野。

二、技术理性

技术性是职业的特征之一也是职业课程的基石之一。理性地认识技术，是从事职业课程开发、设计、实施和评价人员应该具有的专业化素质。

技术理性是人类对技术的科学认识和人文追求，其最基本的内涵是合理性。合理性包括技术的科学合理性、社会合理性、技术原理的可行性、技术工艺的可操作性及技术规范的有效性。在合理性的基础上，技术理性还追求技术效益的最大化、技术设计的理想性和创造性。同时，技术理性还要认识到技术在实施过程中可能受到的条件制约和技术内在规律的强制（程序化、规则化、技术化）。

之所以强调技术理性，是因为技术是一把双刃剑。技术改变了人类的生产方式和生活方式，人类对技术的依赖性日益增强。但是，技术的发展却同时为社会带来了危机和灾难，如人口膨胀、自然资源锐减、生态破坏或失衡、环境污染严重、新型武器威胁加剧、新疾病不断出现等。技术在为人类造福的同时也带来一些新灾难。因此，人类需要建立技术理性。

在进行职业课程开展、设计、实施和评价时，必须注重、强调和渗透技术理性。

三、技术知识

从整个人类历史发展来看，职业和技术是联系在一起的。随着时代发展，职业范围在不断扩大，但是所有职业都有多种技术的含量。技术的社会需求和历史发展催生了职业技术教育。职业课程的功能之一就是传播、推广技术。如前所述，正是技术的独立性使职业教育成为独立的教育类型。技术的本质决定了职业课程的功能：传授技术知识，形成技术实践能力，将从业者导向职业体系或行业。

所谓“技术知识”，就是为某种产品或者是提供某种服务所需要的知识（方式方法知识；使用工具、手段、设备等知识；程序、步骤的知识等）。包括用于理解技术过程的技术理论知识和直接用于控制技术过程的技术实践知识。技术知识既体现在符号的静态层面，也体现在过程的动态层面。

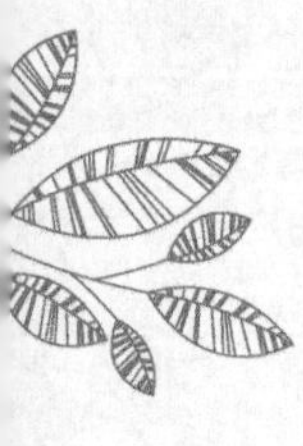

（1）技术知识的构成。技术知识由技术实践知识和技术理论知识共同构成。技术实践知识包括技术实施规范、情境知识和判断知识等，在技术知识中处于核心位置，并寓于技术理论知识之中；技术理论知识需要通过实践选择和情境验证，才能成为真正指导技术实践的知识。

技术实践知识在技术知识体系中的核心地位，使得实践活动导向或行动导向成为职业课程开发、设计、实施和评价的重要理论依据。

（2）技术知识的定位。技术知识和科学知识有密切的联系，但两者不同。科学知识是符号系统，功能在于理解；技术知识是行动系统，功能在于行动或实践。技术知识和科学知识也有交叉，技术中的许多知识来源于科学知识，有些技术知识是科学知识经过应用直接具体化而成；有的技术知识是多方面科学知识综合应用而产生的新知识。二者的交叉部分，便构成技术理论知识。

（3）技术知识的性质。技术知识是一种实用知识或实践知识，是直接用于生产、生活和服务实践的知识。技术知识的各种性质表明，技术知识的本质特性，就是实践性。

四、技术实践能力

从职业教育角度来看,职业课程的教学目标是培养职业技术实践能力。技术实践能力，是指“运用相关技术在职业实践中智慧地、富有创造性地完成职业任务的能力”。具体含义包括：

① 运用体能完成具体职业活动和任务的能力；

② 实践性思考能力；

③ 包含判断思考、技能、态度、价值观等多种因素的动作技能；

④ 以职业活动和技术为内容的实践能力。

需要指出的是，实践性思考能力是技术实践能力中的核心要素，是知识经济的必然要求。实践性思考有两个关键：一是情境性判断（在实践情境中判断实践问题的实质以及应当采取的行动）；二是实践方法思考（寻求解决技术问题的思考）。

五、技术创新

1. 创新的概念

所谓“创新”，按照《现代汉语词典》的阐述，创新就是“抛开旧的，创造新的”。创新概念包含的范围很广，可以说，各种能提高资源配置效率的活动都是创新。其中，有技术性变化的创新，如技术创新、产品创新、过程创新或工艺创新，还有非技术性变化的创新，如制度创新、政策创新、组织创新、管理创新、市场创新、观念创新等。

2. 技术创新

综合国内外关于技术创新的观点，可以从以下几个方面来理解“技术创新”。

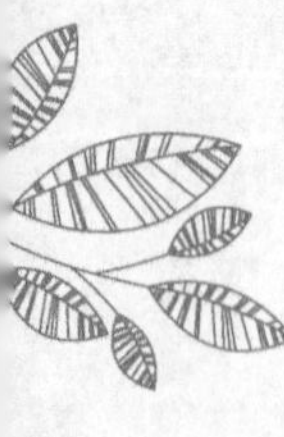

（1）技术创新既是一种生产活动，又是一种经济活动。其实质是为企业生产经营活动引入新的技术要素，以获得更

多利润；

（2）技术创新的关键既是研究与开发，更是将研究与开发的成果商品化；

（3）技术创新的主体是企业；

（4）技术创新的最终效果是创新的技术得到推广，推动社会经济增长，加快社会进步。

从知识经济发展、社会进步和国际竞争角度，都要加快技术创新。在职业课程开发、设计、实施和评价中，都要注重技术创新这个重中之重的问题。

第三节　职业素质与能力

职业素质不仅要靠知识、技术的内化来培养，还要靠能力的内化来培养。因此，本节来探讨职业素质与能力的关系问题。能力包括一般能力（或者称为关键能力、通用能力）和专业能力（包含专业技能）。

一、技能、技能结构及建构

1. 技能概述

所谓技能，是通过训练形成的稳定的、自动化的活动方式，包括完成各项任务的动作活动方式和心智活动方式，也是人们运用知识或经验顺利完成某项工作或任务的一种活动方式。技能内化形成的品质即是专业技能素质。

（1）技能的种类和结构。大体可区分为操作技能（或动作技能）和心智技能（即智力活动技能或智慧技能）。

① 操作技能是指由一系列外在动作以合理完善的过程构成的操作活动方式，亦即指以合理、完善的方式组织起来，并能顺利完成某项任务所涉及的，主要由人的体力和体能实现的一系列动作方式。

② 心智技能是指人脑进行认知的思维方式，亦即指人在认知事物和解决问题时，按一定合理、完善的程序进行的，借助于内部语言在大脑中进行的思维活动方式。思维是心智技能的主要要素，掌握正确的思维方式方法，是心智技能的本质特征。

技能依据有无创造性又分为再造性技能和创造性技能。前者的特征是在技能活动中表现出较多的重复性或再现性，呈现的是一种已有的、固定的程序或算法，如做加减法、打字、跑步等；后者的特征是在技能活动中表现出一定的新颖性，呈现的是一种新思想、新谋划、新观念、新方法，表现出变异性或变通性，让人有一种新颖感，如用新法解数学难题，富有创意的艺术设计等。在具体的学业或职业活动中，人们所运用的技能常常是一种综合体，部分是心智的，部分是动作的；部分是再造性的，部分是创造性的，彼此的比例和相关性也各有不同。

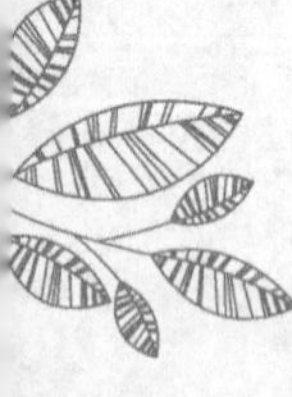

（2）操作技能和心智技能的联系。这两种技能，在实际活动中既有联系又有区别。外部动作是心智技能的最初依据，也是其经常体现者；心智技能又是外部动作的谋划者、驱动者和调节者。不含心智技能的纯粹操作是少见的或是不存在的；同时，心智技能的形成和发展也离不开动作技能的作用。在完成较复杂较困难的职业活动中，需要两种技能的共同参与。而确定某种职业技能属于哪一种，要依其主导的技能类型而定。

（3）操作技能与心智技能的区别（见表 2-1）。技能训练具有从操作技能到心智技能的发展过程，但在教学中没有严格的不容颠倒的程序，一般来说，不能将两者截然分开，可将心智技能训练寓于操作技能训练之中。

表 2–1　　操作技能与心智技能的区别

操作技能	借助骨骼肌肉	活动过程外显	通过模仿练习获得	主要是后天习得	可以测量
心智技能	借助内部语言	活动过程内隐	掌握文化科学提高	与生俱来 + 后天习得	难以测量

一般来说，技能训练皆可分解成清晰的步骤。

操作技能：先掌握和运用一定的思维方式解决问题，再产生变式思维。

技能培训和训练：教师要预先根据教学目标和技能训练内容，谋划和设计一套进行程序。通常，技能是介于知识和能力之间的一个概念，既有知识成分，又有能力成分，是从知识掌握到能力形成和发展的中介。可见，技能的形成和熟练，对知识的运用和能力的发展都有积极的意义。

2. 操作技能的训练

（1）操作技能的训练过程。操作技能的学习可分为操作定向、模仿、整合和熟练四个阶段。

① 操作定向阶段。操作定向即了解操作活动的结构，在头脑中建立起操作活动的定向映像过程。操作技能表现为一系列的操作活动，学习者最初必须了解做什么、怎么做，即首先要掌握程序性知识。程序性是实际的操作活动方式。所形成的操作活动的定向映像应包括两个方面：一是操作活动的结构要素及其关系（即构成某一操作活动的各动作要素及彼此间的关系和顺序）；二是活动的方式（即操作的轨迹、方向、幅度、力量、速度、频率、动作衔接等）。学习者了解这些信息，可以在头脑中建立相应的心理表征，即起到定向作用的心理映像。有了这种映像，学习者在实际操作时就可以受到该映像的调节，知道做什么、怎么做。操作定向是操作技能形成过程中的一个重要环节，准确的定向映像可以有效地调节实际的操作活动，缺乏定向映像的操作活动经常是盲目尝试，效率低下。

② 操作模仿阶段。操作模仿即再现出特定的动作方式或行为模式，实质是将头脑中形成的定向映像以外显的实际动作表现出来。因此，模仿是在定向的基础上进行的。操作技能最终表现为一系列的合法则的操作活动方式，仅在头脑中了解这种活动结构及其执行方式是不够的，如果没有实际的操作，那么始终是纸上谈兵，不可能形成动觉体验和操作技能。通过模仿，个体可以检验已形成的动作定

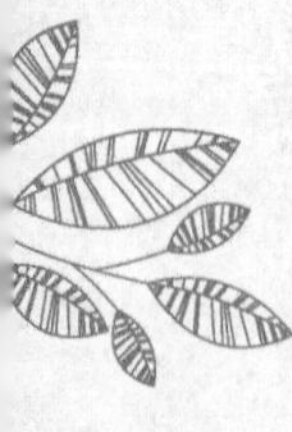

向映像，使之更完善、更巩固、有助于定向映像在形成过程中发挥更有效的作用。此外，还可以加强个体的动觉感受。动觉是一种反映身体各部分运动和姿势的内部感觉，它在操作技能形成中可以调节、控制动作的进行，是非常重要的一种控制机制。通过模仿，个体可以获得初步的并有利于产生准确的动觉体验。

在模仿阶段，动作的主要特点如下。

a. 动作的稳定性、准确性和灵活性较差，这主要是由于学习者尚未建立起稳定的、清晰的内部调节系统（主要以动作映像与动觉体验为主）。

b. 动作要素间不协调，互相干扰，相互衔接不连贯，经常出现顾此失彼的现象，并且有多余动作产生。

c. 动作主要靠视觉控制，动觉控制水平较低，不能主动发现与纠正错误，表现为顾此失彼。

d. 完成操作的效能较低，表现在用较长的时间、花费较大的体力与精力来从事某项活动。完成一个动作往往比标准速度要慢，个体经常感到疲劳、紧张。

③ 操作的整合阶段。操作整合即把模仿阶段习得的动作固定下来，并使各动作成分相互结合，成为定型的、一体化的动作。学习者在模仿阶段动作整体水平较低，通过整合，一方面动作水平得以提高，动作结构趋于合理、协调，另一方面，个体对动作的有效控制逐步增强。因此，整合是操作技能形成过程中的关键环节，它是从模仿到熟练的过程，可为形成熟练的活动方式打下基础。

④ 操作的熟练阶段。操作的熟练是操作技能最后形成的阶段，是由于操作活动方式的概括化、系统化而实现的。操作的熟练既是技能形成中的一个重要阶段，也是由操作技能转化为能力的关键环节。在操作熟练阶段，体现了操作技能的如下关键特征：

a. 动作的灵活性、稳定性和准确性；

b. 动作的连贯性、流畅性和协调性；

c. 动作的控制性增强，能准确地觉察到外界环境的变化并调整动作方式；

d. 紧张感、疲劳感降至最低，可以有效地同时从事两种或多种活动。

（2）影响操作技能形成的因素。从严格意义上讲，不同的操作技能的学习阶段所需要的最佳条件是不同的，但在技能形成过程中也存在着一些共同的影响因素如示范、讲解、练习、反馈、操作性向，等等。

① 示范讲解。准确的示范与讲解有利于形成准确的定向映像，进而在实际操作活动中可以调节动作的执行。

示范的有效性取决于许多因素，例如，示范者的身份对学生学习的效果有一定影响。当观察熟练的教师的示范操作时，学生的学习效果最好；而观察不熟练的同伴的示范或观察不熟练的教师的示范操作时，学生的学习效果要差。在某些情况下，示范者的身份可能影响着学习者的技能掌握。

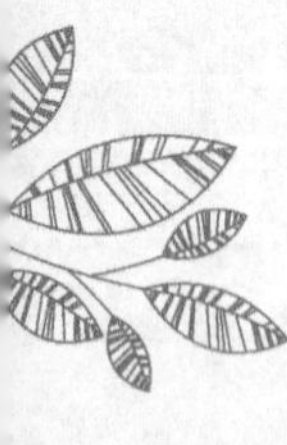

身份较高的示范者可能引起观察者对其示范的更多的关注，进而有可能影响着从示范中所获取的信息；同时高身

份者可能促进观察者产生较高的动机，使观察者渴望达到示范者所演示的水平。

无论是何种身份的示范者，其关键在于能否准确地示范要学习的技能。示范的准确性是影响操作技能学习的直接决定因素。学习者通过观察示范动作而加以模仿，错误的示范直接导致错误的模仿。

在实际操作之前，让学生观察示范动作是一种较好的技能学习方式。在操作过程中也应根据需要给予必要的示范，以进一步充实、矫正学者的定向映像。

言语讲解在技能形成过程中也起到重要作用。对于某种技能而言，给予言语讲解比给予视觉示范更能产生较好的学习效果。事实上，言语讲解与视觉示范在技能形成过程中的作用是可以互补的。首先，示范与讲解要结合。这可以加强两种信号系统的协调，有利于准确的、稳定的定向映像的形成。如何结合要视具体学习内容而定。如果强调操作的结构及其活动方式，则应以示范为主，讲解为辅，讲解时提示观察要点；如果强调学习操作的法则与原理，则应以讲解为主，示范为辅，以示范印证讲解。其次，根据操作活动特点，采取多种示范方式相结合，以有效地提供关键信息。通过整体示范，可以使学习者了解操作活动的全貌；通过分解示范、讲解，最关键的是要保证所提供、传递的信息是准确的；也可以借助图片、录像、幻灯、影片、计算机模拟等现代化的技术手段，使信息的呈现更准确、更方便、更易于接受。

② 练习。练习是各种操作技能形成的、不可或缺的关键环节，通过大量的不同形式的练习，可以使个体掌握某种技能。在练习过程中，练习量与练习方式不同，所形成的操作技能的水平也有所不同。

首先，要有足够多的练习量。亦即实际练习时间可以超过达到某一操作标准所需的练习时间。但是，并非量越大越好，量过大有时会导致疲劳，没有兴趣，使错误动作定型化等。第一，要了解达到某一操作水平时所需的基本练习次数；第二，对于那些只能在一个特定的时期进行练习，而此后又不马上操作的一些技能学习来讲，练习量可以多一些。

其次，采取何种练习方式也直接影响着操作技能的学习。练习方式有多种，如集中练习与分散练习，整体练习与部分练习，模拟练习、实际练习与心理练习，等等。研究表明，对于一个连续性操作任务而言，分散练习的效果优于集中练习；而对于不连贯的操作任务而言，集中练习的效果优于分散练习。当操作任务不太复杂且各动作成分的内在组织性较强时，使用整体练习可以产生较好的学习效果；当操作任务比较复杂且内在组织性较弱时，采用部分练习容易产生良好的学习效果。将实际练习与心理练习、模拟练习相结合，可以有效地促进技能的形成、保持与迁移。

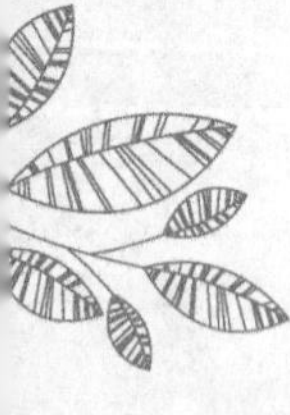

③ 反馈。反馈来自两个方面：个体的感觉系统的感觉反馈和个体自身以外的人和事给予的结果认知的反馈。前者

是个体通过自身的视觉、听觉、触觉、动觉等获取的反馈信息，尤其是动觉反馈信息最有代表性。后者是教师、教练、示范者、录像、计算机等外部信息的对学习者的操作结果及操作过程的反馈。反馈在操作技能学习过程中的作用是非常关键的，其中，结果认知反馈的作用尤为突出，可以鼓励学习者努力改善其操作。

给予何种反馈信息，要考虑该信息能否使学习者改善其错误动作，强化其正确的动作。过多与过少的反馈信息都不能有效地使学习者抓住关键问题进行解决。就反馈的方式而言，在练习的初期，外部反馈作用较大，因为个体尚未建立准确的动态感受；在学习的中期和后期，应强调内部反馈作用，以提高自我调节、控制的能力。

④ 操作性向。操作性向即个体操作某种活动所具备的生理与心理的素质，这些素质影响着个体操作技能形成的速度与质量。对于许多操作活动来说，都需要个体的肢体与心理参与，而这些特性必然影响着技能的学习过程。

二、能力、能力结构及其建构

1. 能力概述

所谓能力，就是胜任某项任务的主观条件，完成一定活动的本领。从心理学角度来看，它是直接影响活动效率和使活动顺利进行的个性心理特征的总和。能力是知识、技能内化了的个性品质，并能够在实际活动或职业活动中得以外化。

完成某种活动，需依赖主、客观条件。主观条件包括心理条件和生理条件。能力属于心理条件，而且是必备的心理条件。从功能方面讲，能力是智力因素（观察力、注意力、记忆力、思维力和想像力）基础上形成的掌握和运用知识、技能，进行创造的本领。综合地说，能力是人灵活运用知识、技能和智力因素，顺利完成某项实践活动（包括职业活动）的本领和心理特征。

（1）能力的分类。一般可区分为一般能力和特殊能力。一般能力属于认知范畴，又称智力，包括观察力、注意力、记忆力、思维力和想像力，它是特殊能力的基础。特殊能力，是指从事某种具体专业活动所必备的能力，如诗人会写诗，歌唱家会唱歌，舞蹈家会跳舞，设计师会设计，等等。各种职业能力均属于特殊能力。

能力存在于具体活动之中，并只能在活动中外现出来。但是能力与活动不存在一一对应的关系，一种能力不单对一种活动起作用，同样，一种活动也不能只靠一种能力来完成。

（2）能力与技能的联系与区别。能力与技能是两个既有紧密联系又有区别的概念。其中，智力技能与能力的联系尤为紧密，且区别较小；动作技能与能力既紧密联系又有区别。

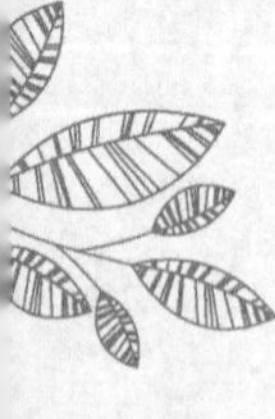

动作技能尽管含有知识和经验的因素，但它基本上属于能力的范畴，可以看做是一种特殊能力或职业能力的一种表现形式。能力与技能的主要区别见表 2-2。从形态上看，能力似无形，技能似有形；从内涵上看，能力概念宽，技能概念窄，等等。

表 2-2 能力与技能的区别

能力	好似无形	概念较宽	多综合性	难分等级	活动体现	既有先天又有后天	先天性多且多为智力性	锻炼提高	提高缓慢	迁移性大	很难忘掉
技能	好似有形	概念较窄	多单一性	可分等级	动作展示	后天习得	先天性少且多为理性	仿习强化	与日俱增	迁移性小	有些可忘

（3）知识与能力的联系和区别。知识和能力的关系：知识是能力得以形成和发展的基础和前提，能力则是认知掌握、运用和进一步获取知识的动力和条件；知识可通过人脑的内化转化为能力，能力则可使人获得更多的知识；换言之，能力是在学习、掌握和运用知识的过程中形成和发展的，知识的学习、掌握和运用会导致或促进能力的提高和发展，而能力又制约着掌握知识的速度、深度和持续度。也就是说，知识是一种潜在的、待开发的能力，能力是内化（类化、概括化和结构化）了的知识；知识孕育着能力的产生、形成和发展，能力又影响知识的吸纳、消化和迁移、繁殖、移植，影响知识的扩展、整合和构建，影响知识的灵活运用、综合开发和创造。

但是，知识不等于能力，知识本身不是能力，知识多的人不一定能力强。知识和能力的主要区别：从形成上看，知识可传授，能力靠培养、习练或训练；从掌握上看，知识靠后天吸纳、消化、理解或领悟而得之，能力则既有先天因素更有后天培育、锻炼的因素。两者的区别见表 2-3。

表 2–3　　　　知识与能力的区别

知识	有形	具体	较死	属客观性	可以单一	后天习得	可以传授	立见成效	存于大脑或书本中	展现在表达中	易忘	解决知与不知	属于认识世界范畴
能力	无形	抽象	较活	带主观性	较为综合	先天后天	培养锻炼	需待时日	潜于大脑或知识内	体现在活动中	难忘	解决会与不会	属于改造世界范畴

2. 高职生的多维能力结构

每个人的能力都是多维、多层次的。能力结构的形成，总是与一定的实践活动相联系，并在一定的实践活动得到逐步发展和完善的。因此，能力结构也具有动态性、综合性。高职生能力应包括专门职业能力和通用能力（常称为关键能力）。从全面发展人才的目标及社会对高职生的能力需要和高职生成才战略来考察，现代高职生的能力结构至少还要包括下列通用能力。

（1）系统学习能力，这是指主动系统地获取新知识、新技术的能力，主要包括基本学习能力、自学能力、实践操作能力和表达能力。

基本学习能力，是指高职生顺利完成教学计划和教学大纲规定的学习任务的能力。包括有效地运用积极从学法，优质地记录、整理听课笔记，阅读材料和参考书刊，顺利完成作业、论文、设计或创作，有计划地预复习、总结、准备考试及应考等能力。

自学能力，是指按个人计划或意图，独立获得的能力。包括使用工具书，查阅参考书刊文献资料，独立阅读、理解和思考，自主发现、分析和解决问题等能力。

实践操作能力，指专业学习中必须具有的操作能力、实验能力、实习能力、社会调查能力、绘图能力或绘画能力、模型制作能力或产品制作能力、计算机计算和造型能力等。

表达能力，包括口述能力和书写能力。高职生要注重表达的准确性、鲜明性、生动性、简洁性和通顺、通畅性等。

其中，系统学习能力是高职生能力结构的核心，自学能力是关键。

（2）创新能力，是在多种能力基础上进行创造、发明新的人工造物和新技术、新技艺的能力。它是能力的最高层次。只有具备了这种能力，才能最终成为人类社会的栋梁之才。

创新包括创造新理论、新形象、新结构、新材料，提出新见解、新观念、新方法、新技术，发明新手段、新工具，开辟新领域等。

（3）专业适应能力，是指人随时代发展和环境变化而正确改变自己的言行、生活方式、交往范围、思维习惯、思想方法和价值观念等方面的能力，以便能顺势地发挥主观能动性和创造性，成为时代和环境的主人。对于高职生而言，就是适应岗位工作的能力，适应岗位变动的能力以及独自或合作创业的能力。

（4）审美鉴赏能力，是指根据一定的审美情趣和审美理想，对美好事物进行鉴别、欣赏、评价以及创造的能力。包括审美感受、体验和创造三个方面。该能力发展的程度，是判别一个人文明程度高低的重要标志。同时，也是一个人能否开展创新活动及其持久性的标志。

（5）政治识别能力，是指识别思想政治信息的能力。当代世界政治风云变幻莫测，每个人面临着复杂多变的思想政治信息洪流，必须善于区分是非、正误、真伪、善恶、美丑、利弊。为此，就要坚持正确的思想政治原则，并抵制、反对与之相悖的言行。要坚定社会主义信念，树立社会主义思想品德。

（6）组织管理能力，是指为完成某项任务而制订进度和行动方案，并进行有效地组织、指挥和控制实施，以充分发挥群体效应和威力的能力。其中，计划能力是关键，协调能力是根本。

（7）社交和共事能力，是指以友谊、进步为基础，以事业为重而进行的社会交往和协作共事的能力。由于高科技和工业化程度的不断发展，科技劳动和脑力劳动社会化程度也不断提高。这就要求当代高职生要积极培养广泛交往、共建友谊、协作共事、共同进取的能力。

（8）独立生活能力，是指靠自身力量安排好生活的能力。高职生一旦进入大学的门槛，就开始了自由活动度和相当大的独立生活，自己必须尽快养成自理、善理个人生活的习惯，注意勤俭节约，形成有计划地学习、锻炼，全面提高成才素质。培养独立生活能力，也是养成独立活动能力的重要基础。

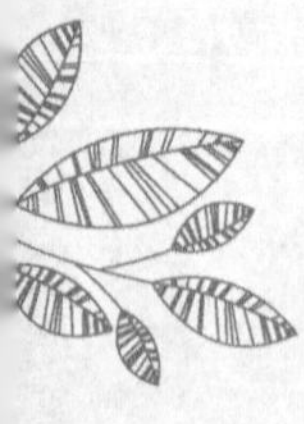

三、高职生能力结构优化的原则和模式

高职生能力结构的最优化，是高职生成才的目标和必由之路。最终成为合格的高职人才，是高职生能力结构的最优目标。实现这个优化目标，必须遵循以下原则。

1. 目标原则

高职生能力结构最优化的目标是获得高层次职业人才的最佳的能力结构，成为振兴中华的高能人才。

2. 效能原则

能力结构的优化，应能有效地为现代职业和社会主义事业进行创造性劳动，并做出较大的贡献。

3. 适应原则

适应原则即最优的能力结构应具有较强的适应能力和应变能力，一方面能适应现实社会的需要，适应职业发展的特点和趋势；另一方面又能根据知识经验随着社会和职业技术结构的发展、任务的变化或目标的转移，使自己的能力结构便于更新。

4. 创新原则

创新能力是能力结构的核心要素和最高层次，是人才的本质特征，一个最优的能力结构必须具有创新功能。当代高职生必须把培养和发挥创造力放在能力的最高目标。

5. 层次原则

层次原则是指根据各种能力的功能大小、作用范围及相互关系，按一定层次适当分布和发展各种能力，发挥它们的

作用。

6. 个性原则

不同类型的人才，应具有不同的能力结构，不同专业的高职生也应形成不同的能力结构，例如，工科和艺术科的高职生，就应有不同的能力结构。每个高职生所建立的能力结构，应能最优地发挥其才能和优势，这就是人才的个性。没有个性，也就没有人才。

高职生最优的能力结构模式，是在广博深厚的基础知识和基本技能的基础上，使各种能力有层次地协调地发展，如图 2-1 所示。

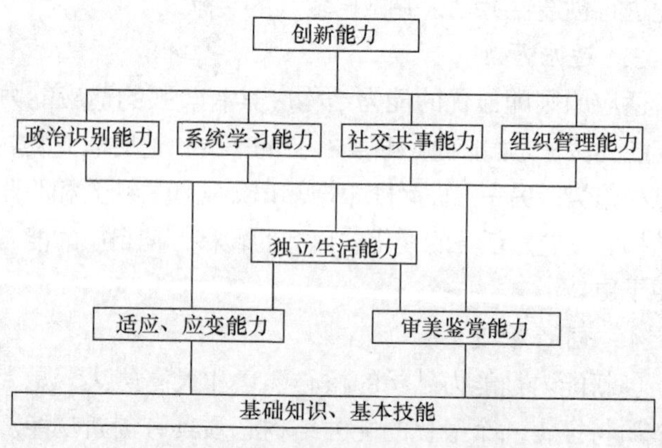

图 2-1 高职生的最优能力结构模式

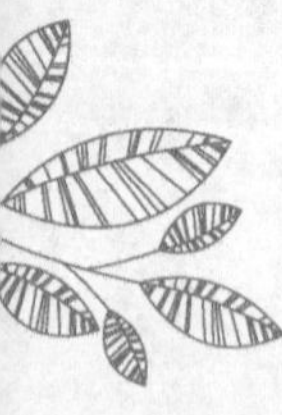

四、如何培养和发展能力

人的天赋是有差异的，但人的能力却是通过学习实践锻炼而开发、培养和发展的。教育的作用，就在于能够强有力地推动学习实践，使高职生的能力获得最大限度的开发、培养和发展。

既然人的能力总是和实践活动密切联系，那么，只有在实践中才能培养和发展人的能力。学习与职业实践是高职生的基本实践，因此，各种能力的开发、培养和发展，也只能主要靠学习和职业实践。

1. 在整体发展中发展能力

能力特征与其他个性特征不可分割。能力的发展寓于德、智、体、美、劳全面发展之中，不可能脱离身心发展的组成要素而孤立发展。

（1）注意心理能力的整体发展。一般实践能力和专门实践能力，一般学习能力和课程学习能力，都互相联系组成一个整体，能力的这种整体性，决定能力培养必须全方位进行。

能力，作为一种心理特征，包括心理能量（以下简称“心能”）和心理力量（以下简称“心力”）两个方面。心能是能力的潜在形态，表示其可能性；心力是能力的表现形态，表示其现实性。心能是心力的潜藏，心力是心能的外观。能力是两者的统一，培养能力必须将两者作为不可分离的整体一起培养。

（2）注意心理能力和生理能力的协调发展。广义来说，能力是人脑和全身机能协同运动的表现。人的机体对外界的作用，既包括心能和心力，也包括体能和体力，能力是它们的综合。没有身体能力，心理能力就不存在；没有一定的体能和体力作支撑，心能和心力就难以发挥。因此，应将身心能力看成统一体，全面和谐地发展。

（3）注意发挥非智能因素的育能功能。非智力因素有育能的功能。例如，有为企业尽心尽力、爱岗敬业的精神，就会有搞好企业的责任感，就会在职业岗位上竭尽全力做好职业工作，钻研业务，精益求精；有为祖国、为真理献身的精神，就会有高度的事业心、进取心、使命感、责任感和高度热爱的情感，不断进取，提高能力；有勤奋、持恒的顽强意志，就会有战胜自我和战胜环境的奋斗精神，将潜能化为造诣；有了科学求实和创造精神，才能发展科学求实的能力和创造能力……因此，必须把发展能力同培养学习品质结合进行。

2. 打好知识、技能基础

能力由知识、技能转化而成。因此，发展能力必须打好知识技能基础。

（1）知识系统化。培养某种职业能力，首先要掌握有关这种能力的原理、方法、要求、经验教训、注意事项等知识，然后运用知识解决实际问题，这要用到类化规律。类化规律有两种：再现性类化规律和创造性类化规律。在知识结构和技能结构中找出同类问题的解决方案，求得问题的解决，用的是再现性类化规律；在知识结构和技能结构中，综合若干知识和技术，获得解决新问题的方案或老问题的新方案，用的是创造性类化规律。因此，要

使类化规律发挥作用，就需要将储存的知识序化、结构化、系统化。

（2）掌握科学的方法。方法是才能的一半，方法是非常宝贵的知识。知识系统化，由无序到有序，离不开科学方法。就一定意义而言，掌握方法比掌握具体知识更重要。最有价值的知识是方法的知识。

方法是知识和技能转化为能力的桥梁，是发展和提高能力的杠杆。得法者事半功倍，不得法者事倍功半。学习方法是形成学习能力的主要因素。培养能力需在方法论上用功夫。

现代高职生尤其要在掌握方法论上用气力，不但要掌握课程方法论，而且要熟悉一般科学方法以及唯物辩证法。

（3）技能熟练化。知识经过系统化，通过方法转化为能力，还要以技能为中介。技能熟练成为技巧，方能起到中介作用。

技能形成一般要经过认知、分解、定位、熟练四个阶段。认知是了解某种技能的性质、功能、要领、难度、动作过程和注意事项等方面的知识；分解是将整套操作分成若干步骤，分别掌握；定位是在分解的基础上经多次练习将整套操作固定下来；熟练则是实现操作的自动化，形成精确、协调、稳定、灵活的活动方式，变为技巧。

（4）至能练习。即在技能已经掌握的基础上继续学练，直至纯熟到最大可能。只有通过至能练习，系统化的知识、科学的方法和熟练的技能，方能综合为能力。

3. 反复实践

学习实践和职业实践是高职生的最基本的实践，也是高职生培养和发展能力的最基本的活动。

高职生要充分利用教、学、做一体化，培养基本学习能力，锻炼注意力、观察力、记忆力、思维力和想象力，发展自学能力；锻炼知识序化、系统化的能力。此外，练习课、讨论课、设计课、创造课等更是锻炼和发展能力的极好机会。

实验课直接训练实验能力，包括基本实验能力和创造性实验能力以及观察能力。

参观实习可以锻炼现场观察能力，实训和职业实习可以提高操作能力。

课程设计（创作、大作业）、毕业设计可以锻炼查阅文献资料，综合运用理论，独立分析和独立解决问题的能力。

第二课堂可为培养和发展能力开辟另一片天地。

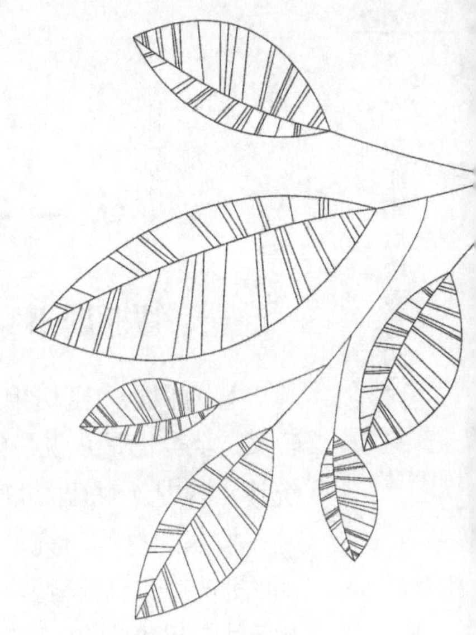

第三章

职业素质与心理

Chapter 3

人的心理活动系统由智能因素和非智能因素组成。职业素质修养离不开人的智能因素和非智能因素的作用和支持。

第一节　智能因素

一、智能因素

智力和能力密切相关，智能是两者的总称。关于智力的含义，至今仍是众说纷纭，没有一个公认的说法。据不完全统计，国内外对智力的定义或界说，至少有 70 种。

按燕国材的研究，智力是保证人们有效地进行认知活动的那些稳定心理特点的综合。它包括观察力、注意力、想象力、思维力和记忆力五个基本要素，以思维力为核心，彼此关联，相互依存、影响和制约。智力不是五个因素的机械相加，而是它们的有机结合，是一个完整的、独特的心理结构，称为智力结构，如图 3-1 所示。但五个基本因素在整个结构所扮演的角色和作用是各有千秋的，注意力是智力活动的“警卫”，又是其组织维持者；观察力是智力活动的“门户”，又是其不息的源泉；想象力是智力活动的腾飞“翅膀”，又是其富有创意、创造性的条件；思维力是智力活动的核心，又是其具体方法；记忆力是智力活动的“信息仓库”，又是其主要基础。

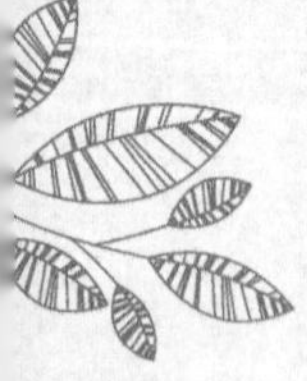

对能力的概念，目前也没有一个公认的科学定义，也是仁者见仁，智者见智，据燕国材的定义：能力是保证人们成功地进行实践活动的那些稳定心理特点的综合，是由五种因素（策划组织能力、探索定向能力、适应能力、实

际操作能力和创造能力）组成的。它本身又是一个完整而独特的心理结构，以创造能力的层次最高，能力结构如图 3-2 所示。

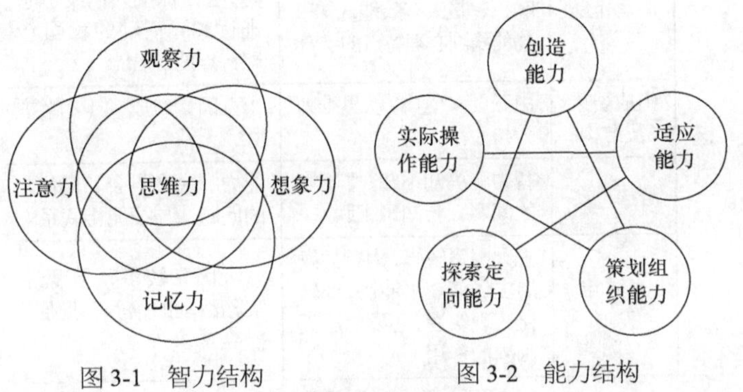

图 3-1　智力结构　　　图 3-2　能力结构

“智力”、“能力”两个概念都非舶来品，我国古代就早有论述。两者的关系问题，历来众说纷纭，归纳起来，有以下三种观点。

西方的观点：主张智力“吃掉”能力。认为智力是总的概念，能力包括其内。

前苏联的观点：主张用能力“吃掉”智力，认为能力是总的概念，智力包括其中。

中国的观点：智力与能力是两个相对独立的概念，两者既有区别，又相互联系。从古至今，都是把智力和能力分开来考察的。具体情况见表 3-1。总之，主张从“区别”和“联系”的统一中来考察智力和能力；并主张在发展智力的同时培养能力，在提高能力的同时发展智力。

表 3-1　智力与能力的区别和联系

		智力	能力
区别	活动范畴	智力属于认知活动的范畴，它是人有效地认知事物的稳固心理特点的综合	能力属于实际活动的范畴，它是保证人们成功地进行实际活动的稳固心理特点的综合
	组成要素及结构	由五要素组成，以思维力为核心	由五因素组成，但彼此并立，无核心
	解决问题	智力解决知不知、懂不懂的问题，与知识相联系	能力解决会不会、能不能的问题，与技能相联系
	来源与发展	先天因素较多，为智力发展提供潜在可能性，要转化为现实性，还要靠后天因素的作用	后天因素较多，但要经实际活动的培养、发展、提高
联系		1. 由于认识和实际活动的统一性，智力和能力密切联系，不可分割；发展智力有助于能力提高，提高能力也有助于智力发展 2. 智力的发展往往依赖于能力因素的参加，能力的发展也常常依赖于智力要素的参加。二者彼此渗透，互为条件 3. 知识与技能密切联系，相辅相成，因此智力与能力也密切联系，相辅相成 4. 智力是能力的基础，能力是智力的表现	

二、职业素质与智能因素之间的关系

美国哈佛大学的发展心理学家加德纳认为：每个人都同时拥有相对独立的九种智能，它们是语言智能、数理智能、空间关系智能、音乐智能、运动智能、人际交往智能、自我反省智能、自然观察智能和存在智能。这九种智能以不同方式、不同程度有机融合在一起，构成独具特色的个体的个性心理和优势。针对学生个体的不同，注重科学的培养，挖掘学生的优势潜能、充分发挥显性优势，提早帮助学生培养不同职业所需要的职业素养，树立自信，达到取得成功所必备的才能和智慧，根据自己独特的智能结构寻找合适的职业，实现人职匹配。

第二节 非智能因素

一、智能与非智能因素

非智能因素，是智能因素以外全部心理因素的总称。20世纪30年代，美国心理学家首次使用该词，但对心理学未产生影响。1983 年，中国心理学界又提出、使用该概念。中、西方对非智能因素的含义有不同理解，主要有三点分歧，见表3-2。

表3-2 对非智能因素两种看法的三点分歧

	西方观点	我国观点
三点分歧	1. 智能活动中的非智能因素 2. 参与智能活动并制约智能活动效率的心理因素 3. 非智能因素参与智能活动才能发挥作用	1. 智能活动外的非智能因素 2. 除此之外，不参与智能活动的心理因素也属于非智能因素 3. 非智能因素参与智能活动固然能发挥作用，不参与智能活动也能发挥其独有的作用

（1）非智能因素的层次：非智能因素由众多心理因素组成，为方便说明，划分为三个层次，见表3-3。

表3–3　非智能因素的三个层次

层次	基本性质	组成因素
第一层次	广义的非智能因素，指智能因素以外的一切心理因素而言	智能因素外的全部心理因素
第二层次	狭义的非智能因素，由五种基本的心理因素组成	动机、兴趣、情感、意志、性格
第三层次	具体的非智能因素，由12种具体的心理因素组成	动机、求知欲、学习热情（三个短语）；责任感、义务感、荣誉感（三“感”）；自尊心、自信心、好胜心（三“心”）；自制性、坚持性、独占性（三“性”）

这种划分层次的依据主要有：便于对各因素考察它们与学习关系的密切程度；第二、第三层次诸因素是分别从第一、第二层次中抽取出来的；便于非智能因素的培养。所谓培养非智能因素，就是培养动机等五个因素，或成就动机等 12个因素。

（2）非智能因素的功能，可以归纳为如下六类。

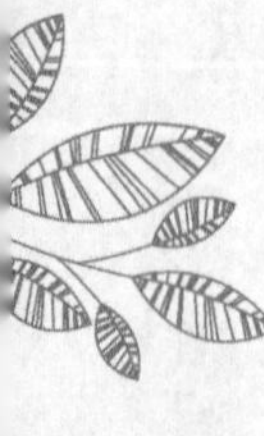

① 动力功能，亦称始动功能。非智力因素能转化为学习动机，成为人进行学习的内在动力，且作用大、持续时间长。比如，兴趣、热情、责任心、荣誉感等一旦转化为学习动机而成为学习动力之后，学习者就能积极主动地

学习。

② 定向功能，非智能因素可以帮助人确定学习目标。

③ 引导功能，引导学习者从动机走向目标，积极地实现目标。

④ 维持功能，帮助学习者长时间始终不渝地去实现学习目标。

⑤ 调节功能，帮助学习者自我调控学习活动的节奏、韵律和心理能量，优秀地执行学习计划。

⑥ 强化功能，使学习者强化积极的心态和学习的强度，克服消极的心态，走向成功。

（3）智能与非智能因素的关系：两者往往是在统一、交织的过程中互相依赖、相互制约、互相促进中发展起来的，学习实践活动则是两者形成和发展的共同基础。

智能促进非智能因素的发展。开展智能活动必牵动非智能因素对它提出一定的要求，从而促进它的发展。而在实践活动形成起来的智能各因素的稳定特性又可转化为性格的理智特征，发展非智能因素。

非智能因素促进智能的发展。非智能因素参与智能活动，使它坚持到底、直抵成功，必然促进智能的发展，“情之所钟，金石为开”；同时，非智能因素还能补偿智能方面的某些弱点，“勤能补拙”，有很多先例。

一般来说，智能与非智能因素的发展是一致的。一方发展往往会引起另一方发展，反之亦然，这是一种含义；另一种含义是，智能水平较高，非智能因素的水平也较高，反之亦然。但是，这种一致性不是绝对的、自发的，也有智能水平较高，非智能因素水平较低的情况。而非智能因素往往是人成功的决定性因素，智能水平一般，非智能因素水平高的人也能创造卓越的成就。因此，要特别注重非智能因素的培养提高。

（4）IN 结合论的基本内涵，根据燕国材的研究和归纳，主要有以下要点。

① 学习过程必须建立在学习者的全部心理活动，亦即智能与非智能因素共同协调参与的基础上。人的全部心理活动可以一分为二，即认知过程和意向过程，智能和非智能因素分别参与这两个过程。因此，学习必须以这两种因素的参加为基础。

② 在其他条件相等的条件下，学习成功（A）可以由智能与非智能因素的函数关系来表示，即 $A=f(I \cdot N)$。

③ 智能因素及其结构是学习过程的心理结构。为了有效地组织学习过程，就应当充分自觉地利用和遵循观察力、记忆力、想象力、思维力和注意力的特点和规律，更要考虑它们之间的内在结构关系。

④ 搞好学习的关键，在于抓住心理内化包括知识内化（知识结构转化为认知结构）、智能内化（实际操作转化为智力操作）、品德内化和审美内化。简而言之，就是真善美的内化。只有敞开学习者心理内化的大门，才能将外物消化、转化自身的素质和潜能。

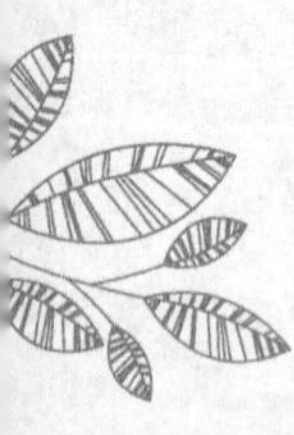

⑤ 智能与非智能因素的相互制约是学习活动的根本规

律。所谓“相互制约”，就是一荣俱荣，一损俱损，或者相互促进，或者相互促退。

⑥ 学习的基本原则，可归纳为如下三条。

a. 智能与非智能因素相结合的原则。一是在学习中要充分考虑两者的特点和规律；二是学习的组织与结果必须有利于两者的培养和发展，即开展智能活动时，要充分调动非智能因素的动力、定向、引导、维持、调节和强化六个功能参与其中，提高智能活动的效果；运用非智能因素时，要有意识地使智能因素相随，促进非智能因素活动的有效开展。总之，要使两者在学习中同步活动，积极配合，相辅相成，相得益彰，共同保证学习的高效性。

b. 学生主体性与教师主导性互动原则。即在教学中，必须以尊重学习者的主体地位为基础，来发挥教师的主导作用。在师生间建立起和谐融洽、团结协作、彼此尊重关心、相互理解的人际关系，形成良好的教学互动、共促，完成好心理内化和外化的过程，提高教学效果。

c. 内化与外化统一原则。积极敞开内化大门和精心安排外部条件相结合，促进内化—外化—内化—外化……不断地波浪式前进，螺旋式上升，促进教学效果不断提高。

综上所述，归纳起来，IN 结合论的基本内涵，可归纳为三条核心思想，五对十条命题和三条基本原则，见表 3-4 和表 3-5。

表 3-4　智能与非智能因素结合论的学习理论的基本内涵

三条核心思想	一个目的	尊重学生的主体地位，发挥学生的主体作用，调动学生的主体积极性
	一条假设	一般地说，人的智能水平是差不多的，但是非智能因素的水平却差别很大
	一个公式	在其他条件相同的情况下，$A=f(I \cdot N)$
五对十条命题	第一对命题	智能对学习起直接作用，非智能因素起间接作用
	第二对命题	智能是学习过程的心理结构，非智能因素是心理条件
	第三对命题	智能是学习活动的执行——操作系统，非智能因素是动力——调节系统
	第四对命题	智能活动本身没有积极性，非智能因素才有
	第五对命题	智能活动指导非智能因素，非智能因素主导智能活动

表 3-5　IN 结合论的三条学习原则

学习原则	基本含义	立论依据
智能与非智能因素相结合原则	要求学习者自觉地把智能与非智力因素结合起来，用智能促进非智能因素的提高，用非智能因素促进智能的发展	以智能与非智能因素相互制约论为依据；反对学习即特殊认识过程论
学生主体性与教师主导性互动原则	要求在教学中，必须以尊重学生的主体地位为基础，来发挥教师的主导作用，并自觉地让二者处在相互制约之中	以学生主体论为依据，反对双主体论、学生客体论
内化与外化统一原则	要求学习者善于把外部的客体的东西转化为内部的主体的东西，同时，也善于反其道而行之	以心理内化论为依据，反对灌输论（填鸭式、注入式）

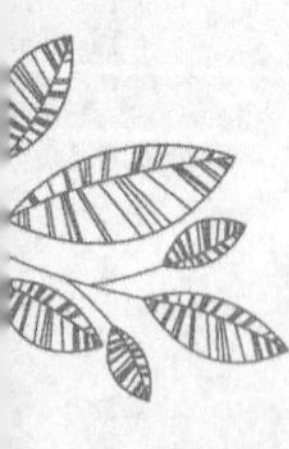

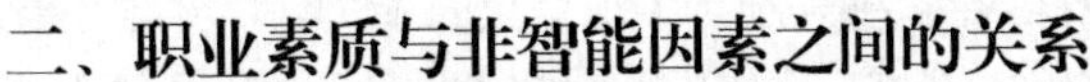

二、职业素质与非智能因素之间的关系

社会及企业对职业学生的素质要求越来越高，期望职业学生具有较高的思想道德素质、科学文化素质、业务能力素质和身心发展素质。对高职学生素质的要求如：团队合作精神、沟通协调能力、敬业精神和责任感、综合素质、创业激情、创业精神、创造力和认同企业文化等，这些主要是对高职学生非智力因素的要求。对于高职学生来说，非智力因素是否被激励和发挥对高职学生的素质提高具有重要作用。

明确学习动机，实现人生价值。动机是活动的原动力，学生的学习动机活动也不例外，所谓学习动机是引起学生学习的行为，维持学习行为并使学习行为趋向一定目标的内部动因。高职学生的学习活动有较强的专业性、独立性和自觉性，具有浓厚的学习兴趣作为推动学习的内部动力。每个高职学生都渴望成功、成才，有着强烈的成就动机。成就动机作为内驱力，是高职学生学习动机的重要组成部分，高职学校应引导学生确立新的学习目标和制订新的人生规划，明确奋斗目标，制订职业生涯规划，积极主动地投入到学习和生活中，在教育活动中挖掘自己的潜力，实现自己的人生价值。

养成乐观向上的心态，开阔视野。情绪能够影响一个人的精神状态，提高或者降低一个人的学习和工作效率，懂得保持健康情绪，有效控制和调节情绪，对一个人的工作、学习、生活都起着至关重要的作用。高职学生是朝气奋发的青年，需要培养多种兴趣与爱好，增长能力。培养学生养成乐观向上的心态，广泛的兴趣，能够丰富学识，开阔眼界，对生活充满热情，积极适应环境的变化。

有助于明辨是非，理智地思考问题。对于高职学生来说，大多数学生不能正确地认识自己。培养学生养成积极的情感，不断探索新的知识，保持学习的主动性的积极性，敢于战胜困难，认同文化的差异，明辨是非，促使其理想、信念和个性品质的形成，使他们在步入社会后具有很好的团结合作精神和沟通协调能力，在充分认识和了解事物的基础上，理智地思考问题。

敢于直面挫折，坚韧不拔。当代高职学生要使心理素质健康发展，就应不断地锤炼承受挫折的能力。人生活在世界上，挫折是不可避免的，要认识挫折积极和消极的双重作用，正确地对待挫折，减少其消极影响，增加其积极影响。要树立正确的挫折观，首先要看到挫折并不可怕，挫折给人以打击，带来损失和痛苦，但挫折和磨难也能促使人奋起、成熟，变得坚强起来；正确的挫折观，还在于当面对挫折时，能正视它，积极解决并摆脱它；正确的挫折观，要梳理总结失败的教训，在挫折中学习，面对困难，不屈不挠，战胜困难。坚定的自信和坚强的意志是正确挫折观的具体体现，大学生要增强挫折承受力就必须努力培养自己良好的意志品质。

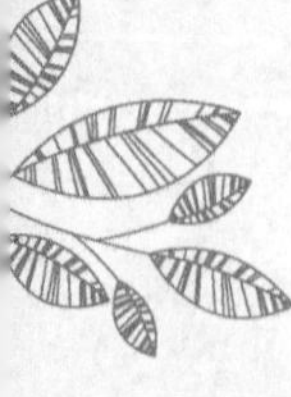

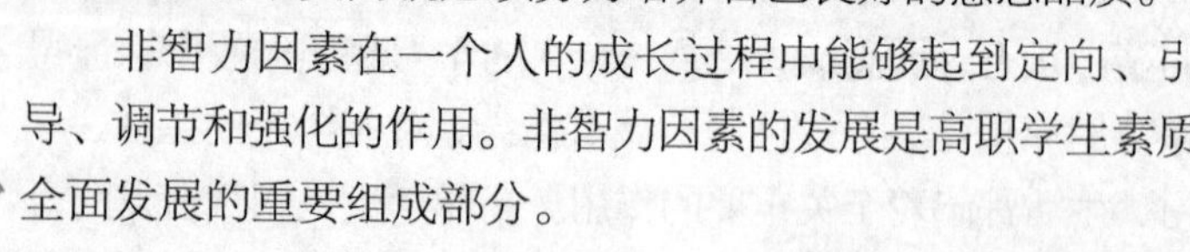

非智力因素在一个人的成长过程中能够起到定向、引导、调节和强化的作用。非智力因素的发展是高职学生素质全面发展的重要组成部分。

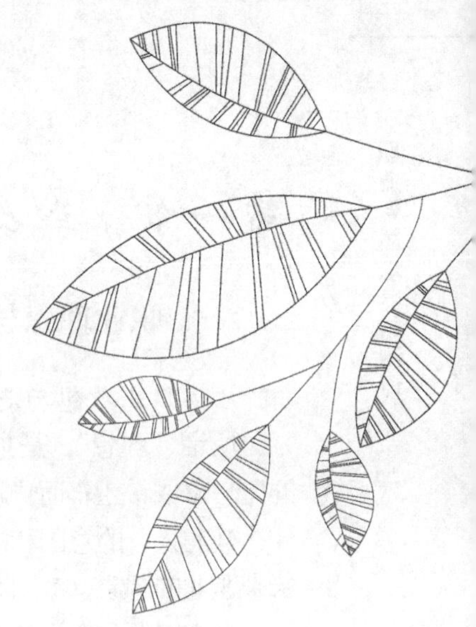

第四章

职业理想与职业生涯规划

Chapter 4

职业理想、志向和目标是最基本的职业素质。欲成大功、立大业者，必须明确其职业理想、志向和目标，制订职业生涯发展规划，把职业理想、志向和目标有计划、有步骤地落实。

第一节　职业理想、志向和目标

一、职业理想与志向

1. 职业理想与志向的概念和含义

所谓“理想”，是指人对未来事物的“有根据的、合理的”想象或希望；而“志向”则指“将来要做什么事，要做什么样的人”的意图和决心。职业理想与志向，就是人对其未来职业的想象、意图和决心，是人在职业方面依据社会需要、个人需要和个人条件，借助想象而确立的奋斗目标，亦即个人渴望得到的职业境界和完美的职业人格。

职业理想是人们实现个人生活理想、道德理想和社会理想的手段，并受社会理想的制约。

2. 职业理想与志向的特点

（1）多样性。职业具有多样性，职业理想与志向也就有多样性。一个人选择什么样的职业，要受主、客观因素的制约。譬如，一个人所处的家庭、环境等会影响其职业理想与志向的选择；同时，他的思想品德、知识结构、能力水平、兴趣爱好、人生观和价值观等都会影响其职业理想与志向，决定着职业理想与志向追求的层次。因此，职业理想与志向具有一定的个体差异性、多样性。

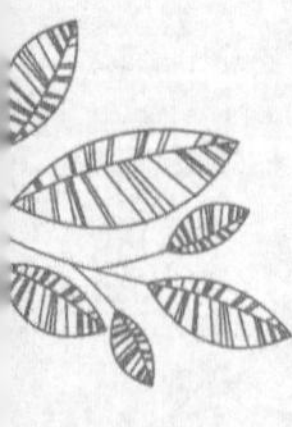

（2）时代性。职业理想与志向总是一定生产方式及其所形成的职业地位、职业声望、职业成果在一个人头脑中的反

映。因此，每个时代的职业理想都闪烁着那个时代社会生产方式的光环，并受其生产方式发展水平的制约。生产方式越先进，社会经济越发达，社会分工就越精细，人选择职业的机会就越多，职业理想与志向实现的可能性也越来越大。社会分工和职业变化，是影响一个人职业理想与志向的极其重要的因素。生产力发展水平、社会实践的深度和广度不同，人的职业追求目标也会不同。譬如知识经济社会的个人职业理想与志向的追求，和前工业社会、工业社会的个人职业理想与志向的追求，就有很大的不同。

（3）发展性。职业理想与志向具有一定的发展性。人的职业理想与志向，总是随着职业地位、职业声望、职业成果光环的变化而变化的；同时，一个人的职业理想与志向也会随着年龄增长、社会阅历增多、知识智能水平提高、人生观的成熟、价值观的发展，而逐渐由朦胧变得倾向明朗、由幻想变得理智，由波动变得稳定。

3. 职业理想与志向的作用

（1）职业理想与志向决定人生的方向和目标。理想与志向，犹如人生的灯塔，引领人生前进的方向、心中的目标。人生发展的目标，是通过理想与志向来确立、表达的，并最终通过职业理想与志向的实现而实现。世界著名文学大师托尔斯泰说："理想是指路的明灯，没有理想就没有坚定的方向，就没有生活"。没有追求的目标，就没有人生的动力。在人生的道路上，职业生活占据人生的大部分及最重要的时期。人们通过职业活动追求物质、精神生活水平的提高，追求社会对自己的认同，追求人生价值的实现。个人对美好生活的向往和追求，往往是通过职业活动来实现的。所以，职业理想与志向的确立，就决定了人生的方向和目标。

（2）职业理想与志向是人生动力的源泉。职业理想与志向源于现实又高于现实，比现实更美好。作为一种可能实现的奋斗目标，职业理想与志向是人实现人生美好愿望与追求的精神支柱和动力源泉。职业理想与志向一经确立，就会激励个人为之付出孜孜不倦的努力，并转化为无坚不摧的巨大力量，去追求职业的成功。各种成功者的经历和业绩表明，在力所能及的范围或时空内，追求的目标越高，直接激发出来的动力就越强。职业理想与志向在人生发展的道路上，既可以激励人为其献身的职业充满自豪感和光荣感，又能促使人产生实现职业理想与志向的责任感和紧迫感。

（3）职业理想与志向能促进人生价值的自我实现。人生价值有两个层面：自我价值和社会价值。个人的进步和发展，是个人适应社会、融入社会、为社会奉献的过程，是在促进社会发展并为社会发展做贡献的过程中的自我完善。无论从哪个角度来体现人生价值，总要依托某个职业。对职业理想与志向的孜孜不倦的追求，必然会促进人生价值的实现。职业理想与志向在人的现实社会中，具有导向并调整职业活动方向和轨迹的作用。尤其是当人在职业实践活动中，遇到困难、艰辛、乃至“山穷水尽疑无路”之

时，职业理想与志向就会引导人破除艰难险阻，进入“柳暗花明又一村”的境界。

4. 职业理想与志向的实现

著名寓言作家克雷洛夫有一个精彩的比喻：“实现是此岸，理想是彼岸，中间隔着宽阔的河流，行动则是架在川上的桥梁”，要敲开职业理想的大门，需要的是持之以恒的奋斗、奋斗、再奋斗。高职生必须认识实现职业理想与志向的艰难性和持久性，珍惜在校学习的机会，为实现职业理想与志向奠定良好的基础。

（1）知己。高职生应该从个人所受教育、能力倾向、个性特征和健康状态出发，准确定位，瞄准适合自己的岗位，坚持不懈地努力。

现代制造业和现代服务业的兴起，使人才结构性缺失，对高技能人才的大量需求，为高职毕业生大显身手提供了机遇。“天生我材必有用”，高职生要树立坚定有为的理念和信心。有的高职生虽然在理论功底上不如本科生、研究生，但具有实践能力强的优势，可以在技能型岗位上发挥其特长，成为用人单位有用、甚至是急需要的人才。高职生在校学习期间，要“扬长避短”，按照职业或行业对从业者的要求，加强技能培养，提升职业能力素质，有目标、有计划地培养和发展高职生的优势，主动适应职业的需要。

（2）知彼。就是要了解自己将来要从事的职业，了解社会职业的需求。了解职业，主要是该职业对职业能力和职业素质的要求。个人在选择职业时自然要考虑维持生活、发展个性、承担社会义务三个要素，但是应该把承担社会义务放在首位，这是社会主义职业理想对于职业选择的总要求或最基本的要求。

高职生在选择职业时，应该选择能让自己“扬长避短”、能展示自身长处的职业，走出盲目从众、只凭主观愿望择业的误区。

了解社会职业需求是成功选择职业、实现职业理想的关键。了解社会职业需求首先要了解社会职业需求数量、竞争形势和职业发展趋势，因为这些是动态的又相对稳定的。例如，有的职业有非常高的社会职业地位、职业声望（如航天员），但需要量很少；有的职业不为多数人看好，但需求量很大、又有发展前途。加强对社会职业需求的分析和预测，实事求是了解社会职业岗位需求情况及其发展趋势，对于高职生特别是面临毕业的高职生而言，非常重要。

二、职业目标

职业目标是职业理想的明确化、具体化。有了职业理想、志向，还要定下目标。目标大小，决定职业成就的高低。目标要定在最大努力能够达到的高度上。理想、志向关系人生的成败，目标则关系到职业成功机率的大小和多少。每个人都应当确定出最优化的目标，从而最佳地发挥自己的才能，获得最大的成功。

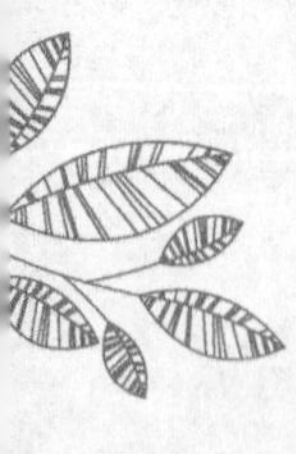

第二节 根据价值观确定职业理想与志向

一、价值和价值观

所谓“价值”，一般指体现在商品里的必要劳动，也可以理解为事物的积极作用或有效性，如有价值的作品或职业等。价值观，是指人对事物的一种评价或态度，是人在一定环境中的动机、目的需要和情感意志的综合体现。在社会中存在两个价值范畴：个人价值和社会价值。个人价值是指作为价值客体的社会，对于作为价值主体的个人所具有的价值；社会价值是指作为价值客体的个人，对于作为价值主体的社会所具有的价值。心理学家洛特克提出过 13 种价值观，见表 4-1。

表 4-1　　洛特克提出的价值观

价值观	内涵
成就感	提升社会地位，得到社会认同。希望工作获得他人的认可，对完成工作和挑战成功感到满足
美感	有机会欣赏周围的人、事、物，或者任何自己认为、觉得重要且有意义的事物
挑战	有机会运用聪明才智来解决困难；用推陈出新的方法处理事物

续表

价值观	内涵
健康	身心健康；能够避免焦虑、紧张和恐惧，心平气和地处理事物
收入、财富	工作能够明显、有效地改变其财务状况，能够得到金钱并买到所需要的东西
独立性	工作中能有弹性，可以充分掌握自己的时间和行动，自由度高
爱、家庭、人际关系	关心他人，并与别人分享，协助别人解决问题，体贴、关爱，对周围的人很慷慨
道德感	与组织、群体的目标、价值观、信仰和工作使命能够紧密结合，不互相冲突
欢乐	享受生命，结交新朋友，与别人共处并一同享受美好时光
权力	能够影响或者控制他人，按照自己的意志行动
安全感	能够满足基本需求，有安全感；远离突如其来的变动
自我成长	能够追求知性上的刺激，寻求更圆满的人生，在智慧、知识与人生的体会上有所提升
协助他人	体验到自己的付出对团体是有帮助的，别人会因为你的行为而受惠颇多

二、价值观念和价值观

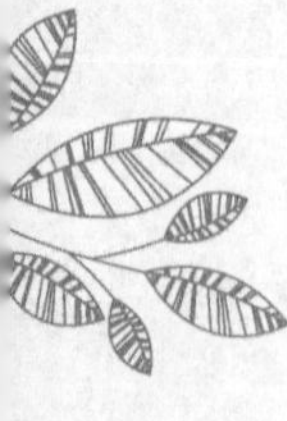

价值观念是具体的，例如，民主价值观念、自由价值观念、权力价值观念、幸福价值观念、人生价值观念、求偶价值观念、求学价值观念、就业价值观念等。价值观是

关于价值、价值关系的整体的看法、观点和态度，是人的一种自觉意识。价值观存在于价值观念之中，并通过价值观念表现出来，是价值观念的内核，是最基本的价值观念。价值观念与价值观的关系，是具体与一般的关系。价值观是在价值观念的基础上生成的。人在日常生活中，在反思实践活动的结果时，常常要对参与实践的各种因素做出评价。以便对以往实践的总结又对今后实践有指导意义。经过反复地实践、评价，便积累了对各个事物及其各个方面的总体印象和评价。感性认识积累多了，经过多次体验、思考和评价，就会形成理性价值认识，使价值认识达到价值观念的层次。价值观念层次的认识相对比较稳定。经过对各种价值观念的积淀、筛选、浓缩和经验的反复证明，就会产生一定的基本立场和态度，形成更加稳定的价值评价、价值目标和价值追求，就成为价值观。价值观的主要表现形式则是信念、信仰和理想。

价值观一旦形成，又会对价值观念起统摄和制约作用。价值观包括价值评价、价值目标和价值追求，三者密切关联。

价值观是世界观、人生观的重要组成部分。世界观、人生观都含有价值观。每一种世界观、人生观确立的同时，意味着确立起一种价值观。当人对价值观处于不自觉状态时，它以隐性形式存在；当人对价值观处于自觉状态时，它就以显性形式存在。价值观是形成和确定职业理想与志向的基本依据。

三、找出自己的价值观

现代成功学大师们都指出，人要发挥出自己的潜能，取得职业、事业的成功就得表现其价值观。换言之，每个人必须根据对自己最重要的事情、最能淋漓尽致地发挥自己潜能的职业、事业来制订目标，才能实现自我价值。跟着价值观走，才能最优地确定自己的职业理想、志向和目标。

1. 价值观决定潜能的发挥

每个复杂的系统，不论它是一部精密的机器，还是一台非凡的电脑，其各个部分的结构都能彼此相依，协调一致，只有相互支持，方能达成最佳的运作；如果各行其是，便会停机或分崩离析。人也不例外，一个人的行为若无法与其内心最重要的愿望相符，那么其身心必然会发生对立，就不可能发挥潜能达到职业、事业的成功。正如成功学家安东尼·罗宾所说："更好地发挥潜能和你的价值观是分不开的。许多人牺牲自己的价值观，去做自己不愿意做的事情，这就是他们不能发挥他们潜能的原因。"例如，该做教师的人硬着头皮去做企业家，该做企业家的人硬着头皮去充当艺术家，该做律师的人当医生，应该做医生的人却去从商，等等。这种"入错行"的人很多，根源就在于没有找到自己的价值观，不按自己的价值观确定其职业理想、志向和目标，而是随波逐流或者随风飘荡，自毁其人生价值，浪费其潜能。

现代心理学家马斯洛说："音乐家作曲，画家作画，诗

人作诗，如此心安理得。”人只有随着个人心意、按照自己的价值观学习、生活和工作，才能如愿以偿，美梦成真。

所谓价值观，即是每个人判断是非、黑白、真伪、善恶和美丑的信念体系，它引导人追求其所想要的东西或者事物。人生的一切有意义的、使自己满意的行为成果，都在于实现其价值观。否则，即使行为获得了成果，也不会获得心理的满足。例如，有一位报刊专栏作家，专门报道内幕新闻，薪水颇丰，朋友都觉得他很幸运、很有成就；但他并不满意，也没有成功感。这是因为只有重视人道主义，喜欢帮助别人，才会以助人为乐。写这种专栏作品不但没有满足他助人为乐的心意和愿望，反而让他觉得“剥削了他人”。每个人都应当清楚自己的价值观和真正的追求。一个人只有做自己乐意做的事情，才能开发其潜能，获得他喜欢的成就。

很明显，职业或者事业的成功，需要人全力以赴，一个人只有明确其真正的价值观，才能全心全意投入自己喜欢的职业或者事业中去，一旦成功，就会获得真实的满足和快乐。显然，价值观所涉及的，正是那些一个人最喜欢、最感兴趣、最值得珍惜、最值得追求、最能发挥其潜能的职业或者事业。许多人都自认为了解其价值观，事实上，相当多的人并非如此，他们往往只凭自己一时的感觉或者冲动，来确定自己的喜好。

2. 找出个人的核心价值观

人的价值观是各不相同、多种多样的；就一个人的价值观而言，其价值观念也是多元的、丰富多彩的。但是，每个人都应当明确自己主导的、核心的价值观念和价值取向。在多元的价值观念和取向系统中，选择出对自己最重要的、次重要的，建立价值观念系统。

表 4-2 列举了一些价值观念和价值取向，作为参考。

表 4-2　　价值观念、价值取向举例

价值观念	关键词	价值取向举例
公平	不偏不倚	（1）消除世界现有的偏见 （2）消除世间不公平的事情
认可	能得到众人的认可	（1）成为名人，如影视明星、运动明星、太空人等 （2）被选为当年的杰出人物受媒体称赞
人道主义	关心公众或他人的利益	（1）帮助病残者或者贫困者等 （2）发现一座富矿，送给最关心的慈善机构
成就	完成预期任务或创意创造	（1）创意一个能使某个公司获利的计划 （2）精通本行业务，熟练完成工作计划
快乐	满足、喜悦	（1）享受美食 （2）一切需要和愿望，都能获得满足
智慧	机智、正确的判断和决策	（1）了解生活的价值和意义 （2）成为世界上最聪明的人
诚实	坦诚、廉正	（1）找出能使大家不再说慌的妙法 （2）说老实话，办老实事
自主	独立性强、独立决策能力强	（1）别出心裁地布置良好的工作环境 （2）能轻松地做最想做的事情
财富	金钱、财富丰厚	（1）成为世界上最富有的人之一 （2）得到一所豪华的大厦

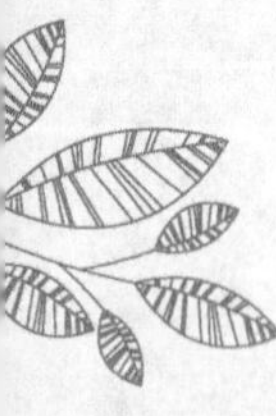

续表

价值观念	关键词	价值取向举例
权力	具有控制力、影响力	（1）当政界要人 （2）控制千百万人的命运
爱	温馨、和谐地相处、相待	（1）拥有终成眷属的爱情 （2）受到世间人的热爱或向别人奉献爱
美感	协商、创造美的事物	（1）观赏赏心悦目的风景、漂亮的房子和喜爱的艺术品 （2）能经常观赏影视、戏剧、音乐和舞蹈
外貌吸引力	关心个人的外貌、外观	（1）成为举世瞩目的人物 （2）拥有新服饰、新发型、新……
健康	关心个人的健康、长寿	（1）健康地活到 100 岁 （2）成为最佳健康俱乐部的成员
情绪最佳	豁达、开朗，善于调控情绪	（1）得到能免除心理困扰的药物 （2）接受最可靠的心理学家的精神分析
知识	积极追求真善美的信息、知识	（1）具有丰富的藏书 （2）有一台万能的多媒体电脑，能便捷地获得任何信息情报
热爱家庭	尊老爱幼、爱护伴侣	（1）有能力送给父母、爱人、子女或亲朋礼物 （2）和家人一起旅游，享受天伦之乐

弄清了自己的价值观，就要实事求是地认可。属于自己的，就要认可；不属于自己的，也不必苛求。对于价值观，更应该诚实。假如你喜欢自主，很好；假如你喜欢助人为乐，非常好；假如你想追求真善美，那就更好。因此，要想做个诚实的人、成功的人，就必须了解和认可自己的价值观。

一个人可能有多种价值取向和价值观念，那就需要评估每个价值取向和价值观念对自己的重要程度，确定各个价值取向和价值观念在自己价值观念体系的位置。

第三节 职业生涯规划及其制订

明确了自己的价值观，就要选择和制订奋斗目标、行动计划，并积极行动起来。养成制订、实现目标的习惯非常重要。当一个人养成制订、实现目标的习惯以后，他就会判若两人。一些卓有成就的成功者，似乎与生俱来就有了这种习惯。但对多数人来说，养成事事先明确目标、订计划的思维方式并非易事，需要训练再训练，要经过多次努力，才能做到。高职教育是就业（创业）模式的教育，因此，高职生要学会制订职业生涯规划。

一、职业生涯规划

1. 生涯的概念

学者们由于所处年代、研究角度、看法等方面的不同，对生涯的定义也就不同。

①“职业或职位总称”说。如沙特尔说：“生涯是指一个人在工作生活中所经历的职业或职位的总称。”

②“职位历程”说。如舒伯说：“生涯指一个人终生经历的所有职位的整个历程。”

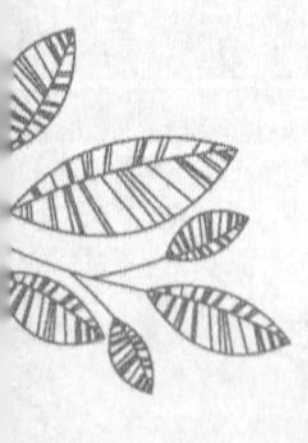

③ “职业发展历程”说。如麦克弗兰德说：“生涯指一个人依据心中的长期目标所形成的一系列工作选择以及相关的教育或训练活动，是有计划的职业发展历程。”

④ “终生经验活动”说。如霍尔说：“生涯是指人终其一生，伴随工作或职业的有关经验与活动。”

⑤ “一生整体生活形态”说。如麦克丹尼尔斯说：“生涯指一个人终其一生所从事工作与休闲活动的整体生活形态。”

⑥ “终生发展历程”说。如韦伯斯特说：“生涯指个人一生职业、社会与人际关系的总称，即个人终生发展的历程。”

综上所述，可以认为：“生涯指一个人终其一生所从事的学业、职业或事业的发展历程与状态”。总之，生涯的内容十分宽泛，具有丰富的内涵与特色。

2. 生涯的特性

从生涯的内涵来看，生涯具有终身性、独特性、发展性和综合性等特点，各种特性的具体内涵如下。

（1）终身性。个人生涯的发展是一个连续不断的过程，概括了一个人一生中所拥有的各种角色和发展过程、状态。

（2）独特性。每个人的生涯发展是独一无二的。生涯是一个人依据其人生理想进行自我实现而展开的一种独特的生命历程。不同的个体自然有不同的生涯，就像地球上没有两片完全相同的树叶一样。

（3）发展性。人是生涯的主动创造者，生涯是一个动态的发展历程。个人在生命历程的不同阶段会有不同的祈求，会不断地变化、发展和成长。

（4）综合性。个人生涯是以个人职业或事业角色的发展为主线的多种角色同时或者交错演绎的过程。生涯并非是个人在某个时空扮演的角色，而是个人在其一生中所演绎的各种角色（学业、职业或事业的角色，家庭中的角色和社会中的角色）的总和。

3. 职业生涯规划

所谓“规划”，一般指比较长期、全面的发展计划。“职业生涯规划”就是一个人对其职业生涯所做的比较长期、全面的发展计划。在职业生涯规划中，要尽可能计划好个人生涯发展的历程，充分考虑个人的兴趣、需要、能力和价值，考虑社会职业的需要，以及助力、阻力，做好妥善的、可行的安排，以便能够适得其所。

职业生涯规划的基本要素主要包括：知己、知彼、决择、目标、行动。

知己，就是认知自己的兴趣、情感、能力、素质、价值观、个性、性向，以及家庭、学校和社会对个人的影响。

知彼，包括了解职业的特点、需要（能力、素质等）、就业渠道、职业工作性质、发展前景和待遇等。

决择，包括决择的技能技巧、决择能力和风格，以及决择可能面临的助力、阻力等。

目标、行动，就是确定职业目标并尝试行动，通过尝试，检验规划的可行性。

4. 职业生涯发展阶段理论

舒伯根据其“生涯发展形态研究”的结果，将生涯发展阶段分为成长期、探索期、建立期、维持期和衰退期五个阶段，详见表 4-3。

表 4–3　　职业生涯发展阶段及特点

职业生涯发展阶段		生涯发展形态
成长期	幻想期（4～10 岁）	以“需要”为主要考虑要素。在这个时期，幻想中的角色扮演很重要
成长期	兴趣期（11～12 岁）	以“兴趣”为主要考虑要素。喜好是个体抱负与活动的主要阶段因素
成长期	能力期（13～14 岁）	以“能力”为主要考虑要素。能力逐渐具有重要作用
探索期	探索期（15～17 岁）	考虑需要、兴趣、能力及机会，做暂时的决定，并在幻想、讨论、课业及工作中加以尝试
探索期	过渡期（18～21 岁）	进入就业市场或专业训练，更重视现实，并力图实现自我观念，将一般性选择变为特定选择
探索期	实验期（22～24 岁）	初步确定生涯并实验其成长为长期职业生活的可能性；如不适合，可重复上述各时期再探索
建立期	实验稳定期（25～30 岁）	个体寻求安定，也可能因为生活或者工作上的若干变动而尚未感到满意
建立期	建立期（31～44 岁）	个体致力于工作上的稳固，大部分人处于最佳创意时期，由于资深往往业绩优良
维持期	维持期（45～65 岁）	个体希望维持原有工作“位子”，又面临新人的挑战。亦即维持既有成就与地位
衰退期	衰退期（65 岁～）	个体不得不面对生理、心理机能逐渐衰退的现实，从积极参与到隐退，注重转换新角色，寻求新途径，发挥余热

在上述发展阶段中，每一个阶段都有一些特定的发展任务需要完成，并达到一定的发展水平或成就水准；而且，前一段发展任务完成与否，关系到后一阶段的发展。

其实，在各个阶段，同样也有成长、探索、建立、维持和衰退的问题，并形成“成长—探索—建立—维持—衰退”的循环（见表 4-4）。

表 4-4 循环式发展任务

阶段	时期（年龄）			
	青年（15～25 岁）	成年（25～45 岁）	中年（45～65 岁）	老年（65 岁～）
成长	发展适宜的自我观念	学习发展与他人之间的关系	接受个人的局限性	发展非职业性角色
探索	寻求更多的工作机会	寻找机会，做喜欢做的事情	辨识并设法解决新问题	寻找退休后的合适活动场所
建立	开始创业或者就业	安于现在职业或职位	学习新的技能技术	从事向往已久的事情（业）
维持	验证当前的职业选择	设法保持工作或职业的稳定	巩固自己面对的竞争	保持依然有兴趣做的事情
衰退	减少用于嗜好的时间	减少运动时间	集中于主要活动	减少工作时间

譬如，高职生入学第一年要适应高职生新角色与学习环境，经过“成长”、“探索”建立了比较稳定的高职学习模式，在“维持”一段这种学习模式之后，又要进入求职就业阶段，已经适应的习惯会逐渐衰退，继而又要对就业或创业进行“成长—探索—建立—维持—衰退”的循环，如此循环往复，

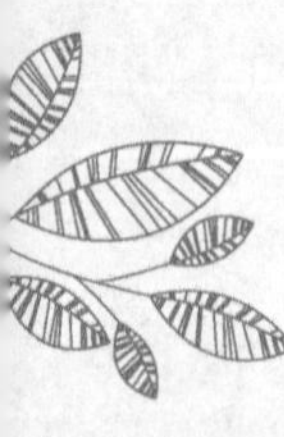

形成人生的整个历程。

二、职业生涯规划的制订

1. 职业生涯规划的方法

（1）“便捷”的规划法。

① 自然发生法。最常见的情形，当属于高考填写志愿时，学生并未认真、仔细考虑其倾向、兴趣，只是看看其分数能录取的学校、专业，便草草签下自己的一生。

② “职业流行趋势”法。跟随人才的流行趋势，盲目地投入新兴热门行业职业。

③ 拜金主义法。哪个行业待遇高，就选择哪个行业。

④ 最少努力法。选择最易学的专业，但祈求最好的结果。

⑤ 刻板印象法。以传统习惯，按性别、年龄、社会地位等刻板印象选择职业。

⑥ 走马观花法。到各种职业场所“走马观花”观察一番，选择最顺眼、最合心的职业工作。

⑦ 假手他人法。由他人（父母、亲朋好友等）替自己决策和选择职业。

这些职业生涯规划的方法虽然省时、省力、便捷、简单，可能一时有效；但无法根据个人素质、能力、特长，做出适合个人长期发展的职业规划。

（2）生涯决择类型。一般可以分为依赖型、直觉型和理智型三类。

依赖型：依据别人的期望而选择，非常需要别人关爱、认同的眼神，社会的赞许、评价和规范是决定的依据。其决定最省时、省力，但不一定是最有效的策略。

直觉型：根据即时的感受或情绪反映，做出直接的决定。能为自己的决择负责，但常“跌破旁人的眼镜”。直觉型的决定是自发性的，在紧迫时非常有用；但容易受主观性的影响。

理智型：通过分析各种利弊得失，按部就班做出最佳决定。包含探索个人与环境的需求，但做决定时要考虑时间因素，切勿失良机。比较适合做长远规划、职业规划和人生规划。

2. 职业生涯规划的步骤

首先，应当明确如下三个问题。

（1）明确个人情况：兴趣、爱好与特长，性格、能力与价值观，个人目标与需求，个人生理与健康，工作状况与经验，社会阶层与教育水平，性别与年龄，负担状况，智商与情商等。

（2）自我评价：个人兴趣、能力、潜能、职业生涯需要和追求的目标即分析个人优势与劣势，个人职业发展目标的设定及原因，达标的途径与培养措施，以及可能遇到的助力、阻力等。

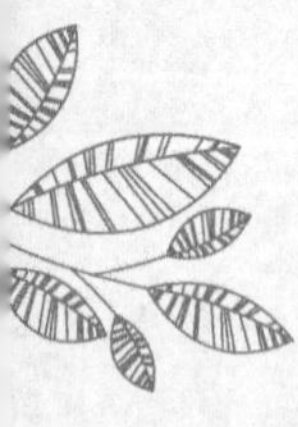

（3）个人外部环境：社会需求、企业与组织需求、家庭期望、技术发展、经济兴盛或衰落、政策法规的影响，以及个人与组织在职业生涯选择、规划与机会方面的沟通

情况等。

其次，在综合上述情况的基础上，要经过以下五个步骤来确定。

（1）自我剖析与定位。包括兴趣、爱好与特长，性格、能力与价值观，知识、技能、智商与情商以及协调、组织、管理和活动能力等。

（2）生涯机会评估：分析内外环境等对自己职业生涯发展有影响的因素。

（3）设定职业生涯目标与路线。选择与自己最佳才能、性格、兴趣，建立与最有利环境相匹配的生涯发展方向和目标。

（4）制订职业生涯规划实施策略。包括应当采取的行动和措施。

（5）职业生涯规划实施情况的反馈与修正。在实施职业生涯规划过程中，内外环境发生变化的情况是难免的，应当及时检查职业定位、方向是否合适，及时修正自我认识、社会认识，纠正最终职业目标和分阶段职业目标的偏差，保证职业规划的有效性。

第四节　职业生涯规划的实现

一、制订阶梯式的中、小目标和行动计划

职业生涯规划是一个长期的、宏伟的大计划，要实现它

就要对它进行分解，亦即把整个职业生涯规划分解为阶段性的中、小目标和行动计划。

实践表明，任何一个科学制订的大的目标、规划都是可以实现的，但是必须将它分解为若干便于实施的中、短期目标和行动计划。每一个中、短期目标和行动计划都是实现长期的、宏伟的大计划的一个步骤，实现了一个个中、短期目标和行动计划，日积月累、不断进取就可以最终实现整个的大计划。

那么，如何制订中、短期目标和行动计划呢？心理学实验表明，太难或太容易的事情，都缺乏挑战性，不能激发人的行动热情。中、短期目标和行动计划是人现实行动的指南，如果低于个人现有的水平，干一些不能发挥其潜能的事情，就不具有激励作用；但是如果任务高不可攀，则会挫伤个人的积极性，反而起消极作用。如何掌握一个合适的尺度呢？要因人而异。个人的素质、经验和现实环境是确定中、短期目标和行动计划的依据。例如，盖房子，开始先盖小房子，积累一定经验，再盖大房子，最后盖摩天大厦。没有盖小房子的经历和丰富的经验，就要盖摩天大厦，会使人不知所措，望而却步；而有了盖小房子的丰富经验，老让他盖小房子，就会令人生厌，缺乏激励价值。

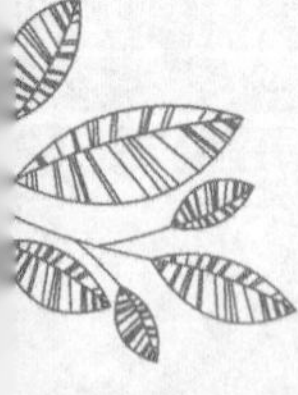

制订阶梯式的中、小目标和行动计划，应当尽可能地具体，有指标、有时间限制。这样，才具有行动指导、激励价值，督促、鼓励个人优质地完成职业任务。

二、行动是取得职业成就的关键

人生职业的成功，不在于认知，而在于笃行。要想做个有成就的人，就应当从行动进取开始。一个人的行为会影响他的态度，因为积极的行动能带来及时的反馈信息和成就感，也能带来节节成功的喜悦。

苦思冥想，谋划如何获得成就，不能代替获得成功的实践。不肯行动的人，只能是在做“白日梦”。

成功者都是怎么想，就怎么做。爱迪生是实验发明家，他从来就不怕挫折、失败，并把每一次挫折、失败看做一次经验。实验、挫折、再实验……直至成功。他是靠孜孜以求的笃行而成为大发明家的。苹果公司前 CEO 乔布斯的经历也有所类似。笃行才是人生成功的法宝。

人生的本质、目标在于创造。而创造是改变人生的行动。可见，行动即是人生的目标。

行动会增强自信心，犹豫只会带来恐惧。克服恐惧的唯一办法就是立即行动，跳伞者、探险家等都有这种经历。写作、绘画、设计等都需要创意、创造。很多人总是踟蹰不前，强调还没有来灵感。其实，灵感只有在人进入状态之后才能产生。不进入写作、绘画或设计的状态，哪来的灵感。不管做什么事情，一经决定，就要立刻行动、进入状态。

“芳林新叶催陈叶，流水后波逐前波”。每一个行动之前都会有前一个行动，这是亘古至今的自然法则。所以，行动会引发行动。有了空调，室内温度是可以调控的，但是必须由人来通过遥控器输入温度数码才行；同样，人可以通过电脑进行各种设计，但是人必须学会设计软件，并进行操作，才能让电脑直接为人做设计，所以人必须学会有关电脑的业务知识、技术，并掌握操作技能。当然，人最好还要会设计软件。

制订职业生涯规划之后，就要付诸行动，不可一拖再拖。信息时代是讲究速度和效率的，不行动就要落后。

行动还要有恒心。制订目标、开始行动往往并不难，可是要贯彻、坚持到底，就不是一件容易的事情。坚持到底直至成功，就需要莫大的恒心。爱迪生、诺贝尔、乔布斯等成功人士都是有这种恒心的人。

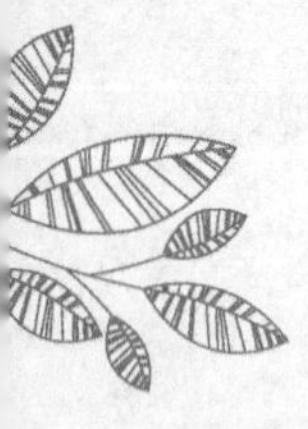

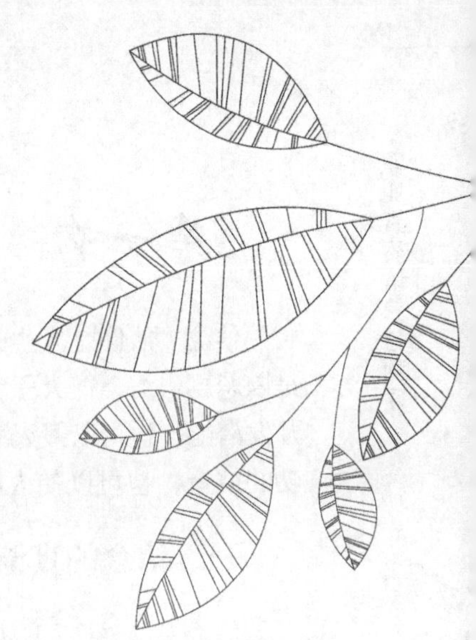

第五章

职业信念及其修养

Chapter 5

第一节　信念与职业信念

信念、信仰是人生的精神支柱。人生是以喜剧结尾，还是以悲剧告终，很大程度上在于人的信念、信仰。信念可以开发潜能，也可以毁灭潜能；信念可以使人乘风破浪到达成功的彼岸，也可以使人不知所措，触礁沉没。

一、信念的真谛

信念是人在一定认识基础上确立的、对某种理论主张或思想观念见解的坚信不疑并积极身体力行的精神状态。从“温故知新”、“物极必反”、“严师出高徒”等日常经验到共产主义信仰；从“生死有命”、“富贵在天”等迷信观念到对神、上帝、拜金主义等的顶礼膜拜，都是信念的具体表现形式。可见，信念有科学的、积极的，也有非科学的、消极的，甚至是荒谬的。我们当然提倡科学的信念。

可以说，信念是一种综合的精神状态。在本质上，信念表达的是一种态度，对知识、对客观真理的态度，对真善美的态度，直接与价值观相关。

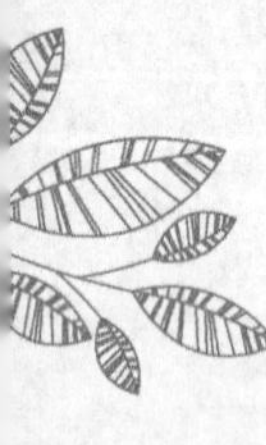

信念是人们根据以往的经验，对快乐与痛苦所做的主观认知所致。每个人很少留意自己的信念是由何而来、怎样形成的，也很少去判断其正误，只是紧紧抱住它不放。

信念总是使人追求快乐，但是也能帮助人忍受一时的痛苦，挺过灾难。人生经历的事情很多是不如意的，其中甚至是极为痛苦不堪的遭遇。要活下去，并有所追求，就要有积极的信念。这是一位医生从奥斯维辛集中营屠杀暴行发现的道理。他注意到少数幸存者都有一个共同的特征：他们不但能面对百般折磨，而且能以积极的信念面对各种浩劫和灾难，他们相信有一天会成为活生生的见证，告诉人们：不要再让这种惨剧发生。

信念可以让革命者不怕流血、牺牲，为消灭剥削和压迫而战斗！信念可以让人发挥自己的潜能，投入到追求真善美的行列中。信念可以创造各种奇迹、可以创造历史。

二、信念的力量

司图密尔曾经说："一个有信念的人，所发挥出来的力量，不亚于 99 位仅仅心存兴趣的人。"当一个人确信其思想和行动是可行的时候，其信念便会通过神经系统发出行动的指令，使他投入行动的状态，去积极争取成功。因此，信念可以让人发挥出极大的力量来，开创美好的未来。历史上，正是靠着神奇的信念的伟大力量，激励一批批卓越人物和千千万万人民群众，创造了人类的文明史。

1. 信念能开启卓越的大门

20 世纪一位著名大提琴师卡萨尔斯 90 岁时患有肺气肿、关节炎，双手肿胀、呼吸困难，十根手指弯曲如鹰爪，看上去，实在是老态龙钟。但他一坐在钢琴面前，便完全变成了另一个人，脊背挺直，呼吸顺畅，弹起琴来神采飞扬，手指舒展灵活，整个身体完全融入了音乐的世界。这就是信念产生的威力。

信念是一种强大的精神的支柱，给人以无形的支持。信念像头脑中的指挥中枢，指导认定思维与言行。卡萨尔斯相信音乐的神奇力量，让他的人生高贵而灿烂，让他活得富有生气。

信念之所以有这样神奇的力量，是因为它让人们明了人生的意义、价值和方向；信念是人生的指南，能指引人生的目标，并确信可以达到。

世界上没有任何力量能像信念这样，能这么强有力地影响人生。在某种程度上可以说，人生就是信念、信仰的历史。像孔子、哥白尼、爱因斯坦、马克思等都是有坚定信念、信仰的伟人，他们不但改变了历史，也改变了人们的信念。

一个人要在职业上获得成功，就得树立明确而坚定的信念。

2. 信念能将美梦化为行动

心理励志专家安东尼·罗宾说：“信念最真实之处，便是让我能发挥所长，将美梦付诸行动”。罗宾 26 岁还是穷苦不堪的人，他学习了人类潜能知识之后，潜心研究激发潜能的方法，并身体力行，不但获得了个人的成功，而且成为了最著名的心理励志专家和潜能成功学的权威。

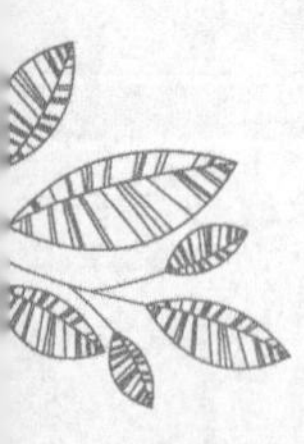

爱迪生梦想发明电灯，为人类带来一片光明；莱特兄弟梦想创造一种飞机，让人类像鸟一样飞翔蓝天等，正是这些发明家的坚定信念，使他们积极行动起来，让人类的一个个美梦成真。整个人类文明的发展史，可以说都是信念促使变革者和人民群众将信念化为行动的结果。

3. 信念强烈能催人奋发图强，取得成功

强烈的、坚定不移的信念，会催人奋发图强，排除千难万险，去追求职业、事业的成功。特别是高尚的、正义的强烈信念，确实能激励人的情感，开发人的潜能，催人行动。一位著名教授说得好："信念乃是一种动力，而强烈的信念乃是一种更有价值的动力，让一个人持久不懈地努力，以完成跟大众或个人有关的目标、计划、心愿或理想"。

在危急关头，选择自我牺牲来实现理想的英雄人物，都是具有强烈信念的人。普罗米修斯、伽利略、董存瑞、黄继光等就是这样的英雄。完成丰功伟业或鸿篇巨著的伟大人物也是具有强烈信念的人，达尔文 20 年著《物种起源》、哥白尼 30 年撰写《天体运行论》、马克思 40 年完成《资本论》等都体现了他们的强烈的信念。

一个人要想在职业上获得成功或成就，就要把自己对职业或创业的信念化为强烈的信念。有一位细心的研究者研究了世界五百强企业成功的诀窍，他发现名列前茅的若干企业，都是始终坚持做一种营业，几十年，乃至上百年不变。这种情况体现了对所选择的职业强烈的信念。

第二节　人生潜能与开发

我国先哲们一再提醒人们“自省”。其中最重要的含义就是了解个人的潜能。古希腊特而斐阿波罗神殿的墙壁上，雕刻着一条非常醒目的壁文：“了解你自己”，同样是让人们了解个人的潜能。然而，经历了几千年的探索，人类对自身能力的认识，依然是一个谜。但是，由于心理学和脑科学的研究，人们发现人脑的潜能是无限的。心理学家汉·赛耶尔认为：“人的潜能所包容的智能，犹如原子核的物理能一样巨大。”潜能成功学家安东尼·罗宾则明确指出：“人的潜能犹如一座金矿，蕴藏无限，价值无比。每一个人都是一座金矿。”

一、人生的潜能无限

任何一个大脑和身体健康的人，与一个伟大的科学家、思想大师、艺术大师之间，并没有不可逾越的鸿沟。其间的差别，只是发挥潜能的程度不同。因为每个人的潜能都是无穷尽的。

所谓人的潜能，包括蕴藏在人的身心内部的能量、能力，包括体能和智能。智能又可区分为理性智能（理智智能）、情感智能（情绪智能）以及特殊智能。每个人都有巨大的潜能，开发不尽，用之不竭。根据有关研究，大科学家爱因斯

坦不过才开发其潜能的 30%。世上有很多故事，显示出人的潜能何等巨大、难以估量。譬如以下几个例子。

故事一：一位靠轮椅代步的梅尔隆以为自己一生无望，有时竟然借酒浇愁。一天，他从酒馆里出来，依靠轮椅回家时，碰到三个劫匪，抢他钱包，他拼命抵抗、呐喊，劫匪发怒，便火烧其轮椅。生命危在旦夕，梅尔隆完全忘记自己的残疾，拼命逃离，竟然一口气跑出一条街。后来，他恢复了健康，还找到了一份职业。

故事二：一个农夫看见 14 岁的儿子驾驶的卡车翻到水沟中，他急忙跑过去，儿子被压在车下面，他立即跳进水沟，双手伸到车下，猛地抬起了车子，救出了儿子。事后，他再试一次，根本就抬不起那辆车子。

这是人发挥巨大潜能的两个实例。潜能成功学家认为，人在遭遇险境或绝境时，往往会爆发出不寻常的能力。当人无退路时，就会产生强大的“爆发力”。这种“爆发力”，就是潜能。上述的两个奇迹，靠的就是这种潜能。

潜能是人间最大又开发得最少的宝藏。很多研究表明，一般人只开发了个人潜能的 5%～10%，有人甚至不到 1%。如果每个人能发挥大脑功能的一半，就可以学会 40 种语言，背诵整套百科全书，获得 12 个博士学位……

二、充分开发人生潜能

1. 了解和识别自己的潜能

要开发和发挥自己的潜能，取得职业、事业的成功，就得认知、了解自己的潜能类型和结构，识别自己潜能的优势。比如，最优潜能是什么、次优潜能是什么……例如，著名作曲家舒曼教师是深知自己潜能结构的人，他了解自己的最优潜能是弹钢琴（他有十根修长灵敏的深谙音律的手指），次优潜能是作曲。因此，他最先选择的是做一名钢琴家；当他手指损伤之后，他毫不犹豫地改为职业作曲家。

了解和识别自己的潜能，是人生最重要的事情。达尔文、巴尔扎克、比尔·盖茨、乔布斯等都是善于了解和识别自己的潜能的人。达尔文从小就喜爱大自然、观察大自然，不喜欢做学校的功课，爱好骑马、打猎、钓鱼；采集矿石、植物、昆虫标本，做实验。父亲让他学医学、当医生，学神学、当神父，他表面上应下，实际上没有顺从。把自己的职业、事业选择牢牢地建立在对生物学的兴趣、爱好和职业性向上。经历了不平凡的自我潜能开发，获得了划时代的成功。马克思和恩格斯都非常赞赏达尔文的巨著《物种起源》，称赞道："简直好极了！""至今还从来没有过这样大规模的证明自然界的历史发展的尝试，而且还做得这样地成功。"

达尔文跟随自己的兴趣、热爱、心意、职业性向和价值观走出一条成功的大道，是正确认知、开发自己潜能的典范。但凡成功人士，都是善于认识自己潜能，积极挖掘和开发其潜能的能人。

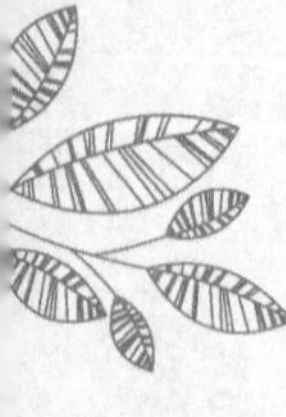

法国大作家、著名批判现实主义大师巴尔扎克，也是一个认清自己潜能、毫不动摇地发挥自己潜能的人。20 岁的他读完了大学法律系，按照父母的愿望先当了一名律师助

理，但很快就向父母宣布，他要当一名大作家，而不再做什么律师、审判官。父亲责骂、母亲乞求，他都无动于衷。这是因为他 20 年的生活经历，让他了解了自己的真实的价值观和优势潜能。两年的挫败、父母断绝经济供给、生活上的坎坷，都没能改变他的成为职业作家的初衷。正如他自己所说的，“我的勇气总是克服了我的不幸”。最终，他以其《人间喜剧》共 91 部长篇巨著，跻身于法国和世界一流大作家的行列。

人类的大脑潜能并没有显著的不同，但是在潜能的类别上会有先天的差异。大量实验研究证明，可以通过后天培养训练予以改善。

了解自我，应当贯彻人生的始终，也是一个人不断开发其潜能的金钥匙。那么，怎样来了解自己的潜能特点和优势呢？

首先，应该发现自己的心理倾向或职业性向。人生最重要的成功，就是职业的成功、事业的成功。选择一项职业就是选择一种生活。因为职业生活占据了人生最重要、最有为的时期。

所谓“职业性向”，就是基于个体不同，个性在职业选择中表现出来的倾向性。当一个人发现了自己的职业性向时，就会进一步明确自己的努力方向和价值观，并全力以赴，去实现职业的理想。

其次，就是明确自己的兴趣和爱好。兴趣和爱好是人对客观事物的选择性情感和态度。是人对某事物、某种活动的需要所持的肯定心理倾向，具有强烈的感情色彩。理论物理学家杨振宁指出：“成功的真正秘诀是兴趣”。学者卡·罗姆勃说：“人类任何一种活动的成效取决于兴趣的大小和为实践其兴趣而付出的劳动量的大小。”教育家杜威说：“兴趣是生长中的能力的信号和象征。”由此可以看出，兴趣对了解、识别和开发个人的潜能，并获得成功极为重要。兴趣能激发学习、从业的动机、热情和干劲，是最活跃的从业动力。兴趣和爱好能产生极大驱动力，使人对学业、职业和事业“一往情深”、不遗余力，最大限度地挖掘、开发自己的潜能。

凡是成功的职业或事业型人士，都是对职业或事业的具有强烈兴趣和顽强地入迷的人。

社会学家形成“兴趣金字塔”理论：“需求金字塔”和“期望金字塔”。在“需求金字塔”中，处于最基层的是传统的、平凡的需求量最多的职业，如制造业、服务业等，处在塔顶的则是最有魅力的、社会需求量最少的职业，如宇航员、高管、高官等；在“期望金字塔”中，恰恰与“需求金字塔”相反，处在塔顶的职业追求者多得惊人，而在最基层的追求者，则寥若晨星。这种情况往往是在职业选择上“跟风”形成的，并非是对职业或事业的强烈兴趣和顽强地入迷。所以，在了解和识别自己的潜能时，还必须保持一定的理性，要做到实事求是。

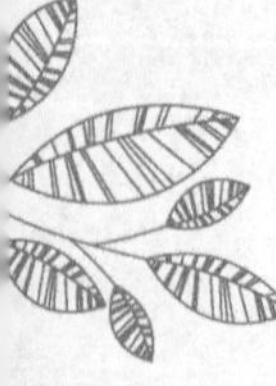

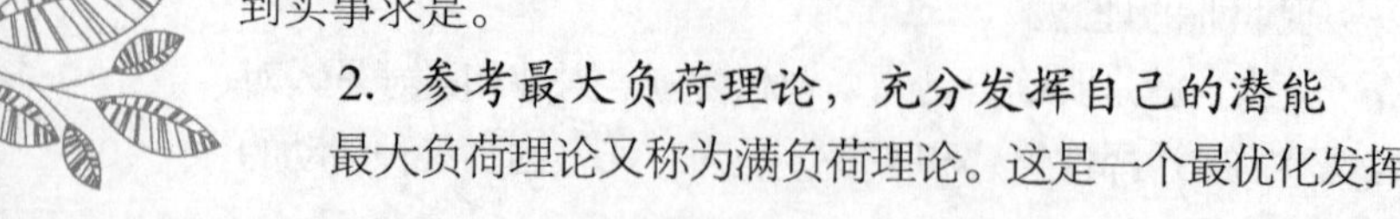

2. 参考最大负荷理论，充分发挥自己的潜能

最大负荷理论又称为满负荷理论。这是一个最优化发挥

潜能的理论。在确定了发挥潜能的方向和目标之后，就要探索如何可能最优地发挥潜能，取得最优成果的问题。

前苏联有一位科学院院士施密特，在 14 岁时开始对自己的未来事业构思一个发展规划。在规划中列举了要阅读的书籍、掌握的科学领域和研究的课题以及应该达到的水平。然而他经过分析计算，要完成这个庞大的规划，需要历时 900 年；他十分为难地更改规划，先浓缩为 500 年，还是不可行；他再一次把规划压缩到 150 年，并决定不再变更规划。

施密特科学而高效地开发自己的潜能，精心安排自己生活的分分秒秒，并最大限度地开展其创造性工作，努力完成其 150 年的规划。果然在他 64 岁辞世时完成了“150 年的规划”，也就是他仅仅用了 50 年 3 倍地完成了他的宏伟目标。这是应用最大负荷理论创造的奇迹。

这种理论在现代体育运动训练中经常被采用，并颇见成效。然而，仅仅靠把人的现有能力发挥到极限，并不一定都能奏效。最需要的是科学而有效地开发人的巨大潜能。

第三节　自信心及其修炼

心存疑惑，就会失败；相信胜利，就能成功在握。对自己充满自信心的人，会成就伟业；认为自己无能的人，就必然一事无成。因此，自信心的自我培养是职业素质培养的重要课题。

一、自信心的内涵

自信心或自信是心理学的一个概念、一个基本术语，有着特定的内涵和意义。最简明的表述为：自信（心）是一个人对自己的积极感受。在这里，“积极”意味着一种心态一种自我认可、肯定、接受和支持的心理态度。“自信”是一个人感受自己的方式，包括自我接受的程度、自我尊重的程度。

在心理学中，与“自信”相关联的词还有两个：“自卑”和“自负”。“自卑”是一种自我贬低、对自己的不信任，一种自我消极的心态。自卑的人总是看不起自己，自认为自己这也不行，那也不行；“自负”的人缺乏对自己的客观认识，好夸耀自己，而本质上还是原本的自己，是一种不自信或自信心不足的表现。

“自信”的人，与“自卑”的人和“自负”的人不同，总是相信自己的能力、自己的价值。在自信的内涵中最为典型的内涵是“自我接受”、“自我认可”、“自我信赖”、“自我价值感”。我国大诗人李白是一个非常自信的人，他那句著名诗句“天生我材必有用，千金散尽还复来”是其自信的生动写照。

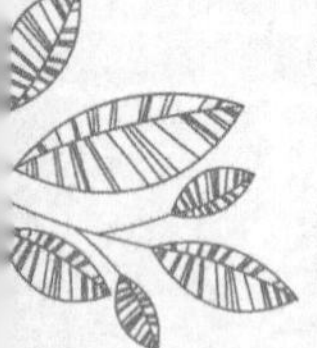

二、自信心是职业成功的秘诀

信心的力量会大到惊人。在体育比赛中，常常能看到弱队胜强队、劣势战胜优势、反败为胜的例子；而在商战中，也不乏以弱胜强、“小鱼吃大鱼”的情境。这是弱者充满必胜的信念和信心，并以积极的心态、充分的准备和灵活机动的策略迎接强者的挑战。因此，必胜的信念和信心无坚不摧，无往不胜，是取得胜利或成功的秘诀。人在职业或事业上的成功也是一样。

一位资产阶级革命家曾经说过：“我成功，是因为我志在成功。”

信心偏爱那些积极立志的成功者。一个人一旦有了成功的意念或欲望，并通过自我暗示和潜意识的激发，就会形成一种强烈的自信心，从而转化为积极的心态和行动的热情，进而帮助他去获得职业或事业上的成功。因此，可以说，自信心是一个人成功心理的建筑师。在现实生活中，自信心一旦与思维结合，就会妙思如泉涌，产生成功的创意；自信心一旦与行动结合，就会使人的意念和心愿转化为物质、职业、事业等方面的有形价值。

三、建立职业成功的自信心

每一个从业者都希望事业有成，生活美满。但很多人都不具备达到光辉顶峰的信念和自信心。他们总认为无限风光的顶峰是那样地高不可攀，难以找到通向顶峰的阶梯。因此，这些人甘愿停留在一个“平均”或者“随大流”的水平。

然而那些胸怀大志者却满怀信心地相信自己。他们的眼睛总是看着历史上或者同时代的成功人物，建立成功的自信心，以“攀登无限风光的顶峰”的积极心态奋斗不息，攀登不息，最终登上了无限风光的顶峰。

1. 创造构建信心的气氛

创造一种使人感到“成功在握”的气氛，会提高人的自信心。这就是“气氛效应”。一个人或者一个企业能创造出一种繁荣的、被人迫切需要的气氛，其知名度就会迅速攀升；同时，个人也会产生一种“成功在望”的感觉。

人们总是喜欢和事业兴旺、经验丰富的人打交道。比如，医生刚开业，都会遇到“门前冷落车马稀”的局面。因为谁也不愿意将自己的健康问题交给一位没有经验的医生。但是，有一位年轻的医生却有一段奇特的经历。他开始在一个小镇开业，来看病的人很少，一天晚上，小镇有一场足球赛，他外出了，一位朋友来找他，便到球场用广播喊了他三次。没有几天，他的病人就增加了3倍。他感慨地说：“我的朋友救了我，他的广播让人感到我是一个‘被人们需要’的医生。我的医疗职业从此兴旺起来了。”这个案例有点偶然性，但也能说明创造气氛对建立职业自信心的作用。

2. 利用穿着建立自信心

一个人穿着得体，可以让他人和自己感到非常精神、容光焕发、精明能干。事实上，人的外在形象很重要，的确会影响自己的心境及自我感觉。外表潇洒大方往往能给人带来自信。一个新军人穿上军装，就立即觉得自己是个军人；一个人带上勋章，就会感到自己成了英雄。一位新经理穿上干练的经理服，就会自信地有了经理的风度和能力。人的仪表

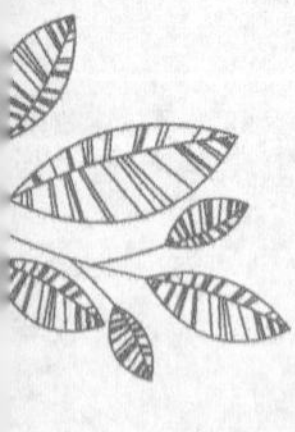

会对他人"说话"，也会对自己进行暗示。从理论上来说，应当看重人的内在素质，而不是外表。但是，也不能忽视外表是内在的体现或反映。富有洞察力或直觉力的人，可以通过外表洞察人的内心世界。

3. 保持行为端正、诚实

行事端正、诚实能使人的良知获得满足，从而建立个人的充分自信；反之"行为出轨"，必然心虚，其罪恶感就会消散其自信心。因此，要建立起自信心，就要做到行为端正、诚实。这是心理学一条很重要的原则。

人可以通过改变实际行动，来改变其心态。当人挺起腰杆堂堂正正做一个廉洁自律的人时，就会觉得自己很优秀、很坦然、很自信。

有自信心的行动，可以产生有信心的想法。因此，要有充满信心的思考，就要有充满信心的行动。

人充满真善美的信心，其行必然是真善美；而行为端正、诚实，也必然使自信心升华、升华、再升华。

4. 利用潜意识建立自信心

所谓"潜意识"，就是潜在、潜藏的意识或者心理深处存在、没有外露的意识，也称为下意识。人类大脑的潜意识部分蕴藏着无穷的能力。每个人都可以并且应该发掘这种潜能，运用在自己的职业目标上。用简单指令启动大脑即可。潜意识就像一个巨人，随时听从指挥，为人做任何事情。潜意识具有一个极重要的特质，就是你随时依令办事。潜意识是成功者的极其重要的素质。每一个成功者都有其一套方法，将自己确定的目标密集地输入潜意识，以提升自己的自信心。

潜意识支持成功者满怀信念和信心，接计行事，比一遇到挫折就放弃的人，有更多的优势，更能获得成功。

5. 利用自我暗示强化自信心

“做得到”、“做不到”，是两个极端、完全相反的意念或思路，对一个人或者一个群体有着莫大的影响。

“我做得到”、“我们做得到”、“我们一定能做得到”等，这是一些加强自信的铿锵有力的豪言壮语，也是积极的“自我心理暗示”。

许多创造丰功伟绩的人、许多发明划时代产品的人几乎还在谋划阶段，就在他们的心中默念“做得到”、“一定成功”等心理暗示语。正是这些心理暗示，激发他们的创造性或革命性的活动，为人类社会的进步和发展，做出了丰功伟绩和划时代的奉献。

著名男高音歌唱家卡罗素，有一次在歌剧院等着上场演唱时，突然喊道：“别挡住我的路！走开，走开！”惊得众人不知所措。事后，他解释说：“我觉得我内心有个‘大我’，他要我唱，而且知道我能唱；但是也有个‘小我’，他害怕，说我不能唱。我只是命令那个‘小我’，离开我。”众人才有所释然。

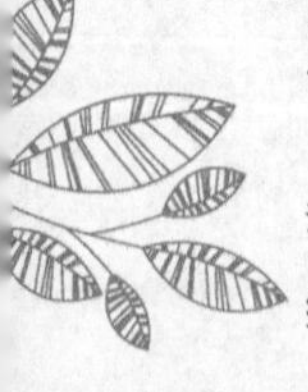

实际上，很多人都是“大我”和“小我”的矛盾体。“大我”让人充满自信，激励人创建丰功伟绩；“小我”畏畏缩缩，散布疑虑和恐惧，腐蚀人的自信心。胸怀自信的人总能让“大我”胜“小我”；胆怯的人则让“小我”占上风。

自我暗示是强化、提升自信心的一种很重要的策略。

四、建立、提升和修炼自信心的步骤

1. 选择一定要实现的一个目标，开始尝试、并且坚决去实现

大多数人即使确立了一个目标，却往往心存疑虑，只投入一半精力，做不出什么成绩。自信心十足者，才能始终如一，全身心地投入自己的职业或事业活动中，向着既定目标前进，直到取得成功。

定下目标，就要行动，去尝试，成功了，目标实现了，可以激励自己奔向下一个目标；遇到挫败了，可以排除不可能的方向，开始另一条路。爱迪生发明白炽灯，经历了数以万计的挫败，最后终于发明成功，为全人类带来了一片光明。

中国有一句古语：“失败是成功之母”。不断尝试，才会取得经验或教训。实践出真知，实践创造奇迹。实践是建立、提升和修炼自信心的不可或缺的步骤。

2. 做最佳的心理准备

做最佳的心理准备是建立自信心的重要方式之一。凡要做好事情、特别是职业或事业的事情，就要做好万全的准备。

在古希腊有一个青年想成为一个职业演说家，第一次面对的是一群领袖人物，心里很慌乱，态度委靡，声音微弱而结巴。讲完之后，嘘声四起。但他并不灰心丧气，认真地反思自己，演说的失败在于没有做好充分的准备。他对自己发

誓，再也不做没有充分准备的演说。然后，他面对爱琴海大声演练起来，以训练声音；在晃动的剑下练习演说，以训练他的勇气；他把小石子含在口中，以消除口吃。在以后的演说中，他完全成了另外一个人：声音铿锵有力、用词犀利，态度平和，热情洋溢，获得了希腊历史上最伟大的演说家的美誉。

有了最完善的准备，就能克服自我疑虑和恐惧，大大增加成功的自信心。这一点对于任何职业工作都是必要的，即使对于很熟悉的工作，也要把它准备得十分精熟，做到精益求精。

3. 了解个人的长处和优势，选准主攻方向

有重大成就的人，总是善于把自己的精力用在最擅长的地方。当一个人集中精力用在其优先选择的职业或事业上时，他就能最佳地发挥自己的潜能，信心百倍地投入到工作上，从而做出最优秀的工作。

了解个人的长处和优势，选准主攻方向是非常重要的职业素质，也是建立、提升和修炼自信心的必要的步骤。

4. 精于培养自信心

人做事，总是计划和自信在前，尝试和实践在后。尝试成功之后，又会有新的目标与计划，然后再满怀信心去尝试和实践，再成功。如此循环不止，就会越来越提高自信心。自信心不是凭空培养出来的，而是靠一步步成功的实践激励和积累培养起来的。

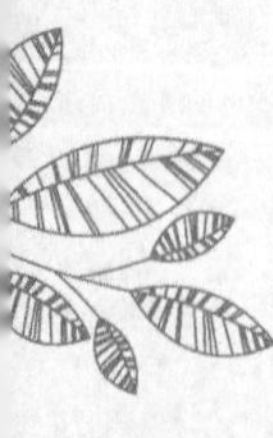

人在追求职业成功的路上难免遭遇挫折、失败。遭遇挫

折、失败并不可怕。要记住“挫折、失败是成功的向导”。从挫折、失败中接受经验教训，可以开辟新的探究成功的途径，也是培养自信心的一条有效的途径。

5. 消除自卑感

自卑是一种消极的自我意识或自我评价。自卑感则是对自我能力评价的一种消极的自我意识。有严重自卑感的人，总是觉得或者认为事事不如人，自惭形秽，悲观失望，缺乏信心，不思进取。

金无足赤，人无完人。从理论上说，几乎所有的人都或多或少有自卑感。一般情况向自卑感的表现有很多形式。大致有如下几种类型。

① 孤僻自闭型：谨小慎微，不参与任何竞争，不冒半点风险，逆来顺受，即使受到侵犯也听之任之。

② 咄咄逼人型：好斗好争，脾气暴躁，貌似强大，实则底气不足，自卑不堪。

③ 否认现实型：以否认现实的言行来摆脱自卑，如借酒浇愁等，寻求暂时解脱。

④ 随波逐流型：唯恐与众不同，一切随大流。

克服自卑，超越自卑，关键是要用理性的态度做到：大志不改，不因挫折而放弃人生追求；调整不合乎实际的“目标值”，及时改变行动策略，再进行尝试；用“局部成功”来激励自己；自我调适，调整心态，积极进取。

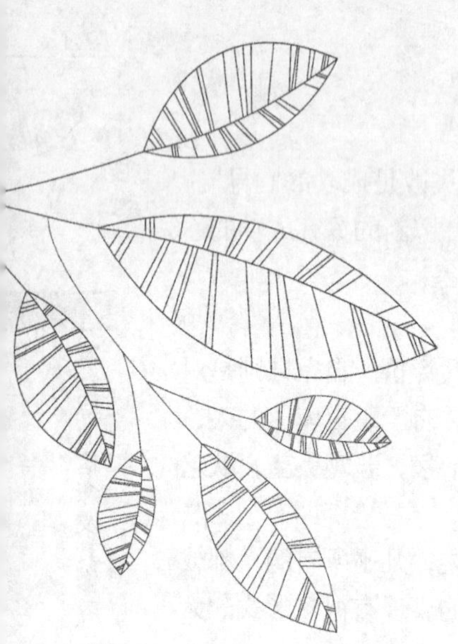

第六章

职业心态及其培养

Chapter 6

职业成功人物的首要标志，在于其心态。一个人如果心态积极，信心百倍，勇敢进取，从容乐观地面对职业、面对人生，就能接受各种挑战和应对各种麻烦事情，那他就成功了一半。

成功学指出，一个人能否成功，关键在于其心态。职业上成败的差别就在于成功者具有积极的心态；失败者常常陷入消极的心态之中。因此，成功学家将积极心态强调为成功的必然要素。

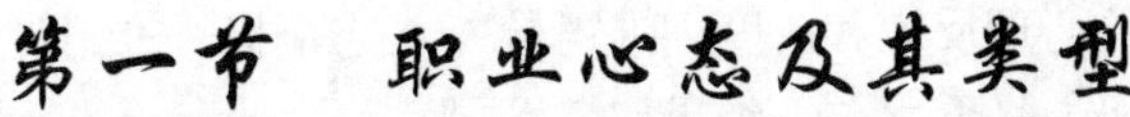

第一节 职业心态及其类型

人的追求多与心态有关，追求中的成败，也就与心态有关。心态是人的非常重要的素质。那么，什么是心态？人的心态有哪些类型呢？

一、职业心态

所谓“心态”，指的是人对与自己相关事物引起的内心反应，即心理状态。安·罗宾说：“心态，可以说是发生在我们体内几百万条神经作用的结果，也就是在任何时间内的感受。大部分完美的心态都是直觉的。对于跟自己有关事物所做出的反应，就叫做心态，可能会是进取的、有为的，也可能是颓丧的、受压抑的，但是很少有人想刻意地控制它。在追求人生目标的道路上，会有成败两种结果，成败就在于自己处在什么样的心态上。”

有这样一个实在的故事：两个欧洲人到非洲推销皮鞋。由于炎热，非洲人一向都是赤脚走路。推销员 A 看到非洲人都赤脚走路，立刻大失所望，沮丧而归；推销员 B 看到非洲人都赤脚走路，则惊喜万分：“这些人都没有皮鞋穿，这儿皮鞋市场大得很呢”。于是，他千方百计、想尽办法，说服非洲人穿皮鞋，最后竟发了大财。

同样看到非洲人都赤脚走路，一个灰心丧气、败兴而归；

一个信心满怀、大获全胜，这就是心态，都是人对自己有关事物的心理反应和态度。推销员 A 心态消极，推销员 B 心态积极。一念之差，结果完全不同。

从信息论角度来分析，所谓“心态”，就是人脑对各种信息的反应、处理和反馈。但是，人是有感情的，因此，心态富有感情色彩。当人从外界得到某种信号，就会立即接受、分析、综合，并立即做出肯定或者否定的反应，这就是心态。

二、心态的类型

心态的类型各式各样，难以计数和列举。但是，归纳起来，可以分为两个大类：积极心态和消极心态。

积极心态是正确的、科学的心态，对于真善美采取肯定、追求的态度，具有正面的特征。譬如自信、诚恳、勇敢、进取、希望、乐观、慷慨、宽容、好学、机智、竞争、不怕风险、乐于奉献等。

消极心态是非正确的、不科学的心态，对于真善美不敢于追求，具有负面或者反面的特征，如自卑、保守、悲观、失望、颓废、猥琐、畏惧、怕事、怕风险、怕竞争等。

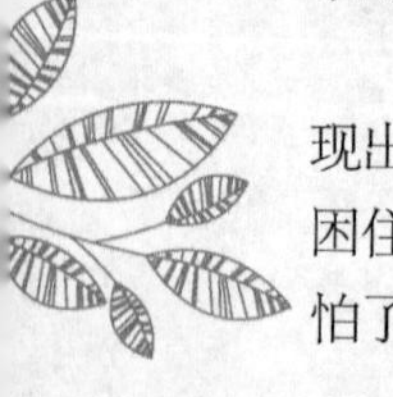

在同一事物面前，不同心态的人会产生不同的反应，表现出不同的态度。有这样一个故事：一个叫约翰的人被洪水困住，他爬上房顶，一个邻居漂浮过来，对他说：“大水太可怕了！”约翰说：“没什么，它并不太坏”。邻居有点惊讶：“你怎么说它不坏？你的鸡舍被它冲毁了”。他回答道：“我的鸭子可乐欢了。”邻居又说：“大水冲毁了你的农作物。”约翰不同意地说：“我的农作物是因为干旱伤害的，我的土地需要更多的水，现在全解决了”。邻居不甘心，还想说服他：“大水还在上涨，就要淹没你的窗户了。”约翰反而开心起来：“这些窗户太脏了，正好清洗一下”。

这个故事有点幽默感。很显然，约翰的积极心态让他遇事不慌，总能积极面对。

一部百科全书上说，心态是为了达到某种目的而采取的心境或姿态。具有积极心态的人，即使遭遇困境、险境、甚至逆境，也会自动地调整自己的心态，做出乐观的反应，如同武松那样，“明知山有虎，偏向虎山行”。

三、积极心态的力量

追求和创造美好生活是人的本性和本质。因此，积极的心态是每个成功的职业者都具有的心理特征。有了积极的心态，才能探索、深挖和开发自己的无限潜能，并化潜能为能力，积极行动，取得职业上的成功。成功需要谋划和行动，自然需要积极的心态作为驱动力。

一个人的心态是否积极主动，对其职业或事业的成功的影响，远远比天赋、才能重要得多。

第一，积极的心态是一个人最有效认知或者洞察其潜能的动力因素。正是这个因素促使成功者去审视、发掘自己的潜能。爱因斯坦、爱迪生等都是这方面的巨人。

卓越人物的最大优势，就是拥有无与伦比的积极心态。凡人的成功也靠的是积极的心态。据说，美国合法移民成为“百万富翁”的是本地人的4倍。其深层次的原因是移民更怀有迅速发达、致富的积极心态，从而比本地人更勤劳、付出比本地人更多的心血和汗水。

积极的心态是潜能的永恒的开拓者，它不但使人了解、发现和判断自己的潜能，而且还能激活、开发、运用自己的潜能，捷足先登，并化为极大的力量，去赢得职业或者创业的成功。

第二，积极的心态能直接地、具体地开发、利用自己的潜能，去赢得更多、更大的成功。在竞技体育项目中最能显示积极心态对于发挥潜能、抵达成功彼岸的威力。比如，我国“体操王子”李宁不但靠其积极的心态获得体操全能冠军和许多单项冠军，而且在退役之后投入体育用品企业也大获成功，不断慷慨赞助我国体育运动；还有大杨扬坚持不断训练，克服伤病的困扰，获得了49个世界冠军，为中国赢得了荣誉。

第二节　积极心态的培养

积极心态能发现潜能、激发潜能、拓展潜能和发挥潜能，使职业工作者赢得职业、创业的成功。为此，就要了解影响积极心态形成的因素以及培养的方法。

一、影响人生心态的因素

影响人的职业心态的因素很多，包括各种内在因素和外来因素。外来因素是各种刺激信息、社会环境（教育环境、职业环境等）、社会风俗等。内在因素包括直觉、经验、体验、科学文化修养、心理素质和生理因素等。

人的心态的产生和变化，与其内心记忆、情绪情感、心境、生理状态等有直接的关系。这些因素的运作，往往是环环相扣、相互影响的。因此，若改变心态，就要同时改变这些因素。人都可能有这样的一些经验和体验：当你神清气爽或者身心疲惫时，对于周围事物会有不同的感受。身体好、情绪好，就会对周围事物产生积极的看法，即使遇到不太好的事情，也会比较宽容；反之，当身体疲惫、情绪不好时，人就容易烦躁、易怒。

上述说的是人在一个短时间内的心态的产生和变化。然而，通常人生的心态，一般是比较稳定的，是人生下来，经过长久的学习、工作和生活的磨炼，通过教育、环境的作用和自身的修养磨炼，逐渐形成的。心态是长期养成的结果。积极的心态，最宜从小开始培养。

［案例］罗·泰戈尔是印度近代最著名的文学艺术大师和社会活动家、世界文化名人。一生在诗歌、戏剧、小说、音乐、绘画、哲学、教育和社会活动等方面，都获得了举世瞩目的成就。拥有 2000 首诗、50 多部诗集、40 多种剧作、12 部中长篇小说、2500 歌曲和 3000 多幅绘画等。泰戈尔的

多才多艺和卓越成就，首先来源于他那非凡的积极心态。而这种积极心态，恰恰是从小培养起来的，良好的家庭环境、严格的家庭教育、长辈和哥哥作为榜样，还有自我“天天向上”的高尚修养，使他从小就养成了积极的心态。

从泰戈尔积极心态的形成可以看出，人生积极心态的形成，最宜从小开始做起。产生积极心态的环境、教育和自身的心理、生理的健康发展都很重要。但是，最重要的是自我磨炼和修养。从小养成的自我磨炼和修养的习惯尤其重要。

二、积极心态的自我培养（修养）

培养积极的心态有多种途径、多种方法。

1. 诚实的自我培养，做到表里一致

坦诚是一种高尚的素质。一个人表里一致，就会坦然地做任何事情，并会产生无畏无惧的、积极的心态。大凡成功的职业者都是表里一致的人、坦诚的人。因为表里一致，才能具有真正的力量，表现真实的自已，受到他人的、群体的和社会的尊重，从而养成积极的心态。

2. 时时处处寻找最佳的新理念、新观念、新主意

新理念、新观念会带来新的主意、新的创意，能激活人的心态；而活跃的心态，又会寻找新理念、新观念。这样，周而复始，就会增强积极的心态。正如大作家维·雨果所说：“没有任何东西的威力比得上一个适时的主意。”

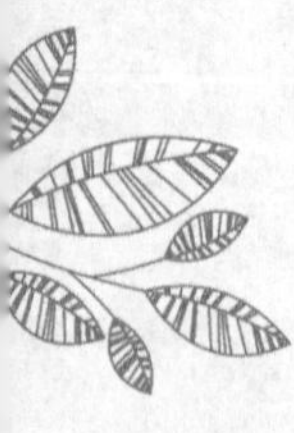

有些人认为，只有天才才会有新理念、新观念、新主意。

事实上，并非如此，要产生新理念、新观念、新主意，首先要有积极的心态。一个人有了积极的心态，就会思想开放，发现新问题，想出新思路，探索新理念、新观念、新主意，或者借助“头脑风暴”，从多角度思考解决问题的方法。爱迪生对于白炽灯的发明，就是不断思考 2 万多个解决问题的主意之后，才发明出来的。在这个过程中，他不但没有气馁，反而越来越增强了自信心，强化了积极的心态。其实，知名的、不知名的发明家都有这种素质和品格：越“挫”越勇。

3. 尝试、尝试、再尝试，变“不可能”为“可能”

永远不要消极地认为什么事情是不可能的。成功的创业者总是认为“什么事情都是可能的”，只要想好了主意，就大胆去尝试、尝试、再尝试。一旦排除了各种不可能的途径，就会变“不可能”为“可能”，并把“可能”变成现实。诺贝尔发明现代炸药，经历了 500 多次实验以及多次“生与死”的较量，终于变“不可能”为“可能”，并最终发明成功了。

我国古代的大诗人李白在当时人们认为人“不可能”上天的情况下写下了著名的诗句“可上九天揽月，可下五洋捉鳖”，经过人类的共同努力，这个理想已经由“不可能”变为“可能”。这是人类大胆尝试、尝试、再尝试的成果。在不断尝试、尝试、再尝试过程中，就会养成积极的心态。

4. 培养争强好胜的个性

争第一，可以使人形成并保持旺盛的积极心态。这种心态使很多人达到了个人的心愿。

[案例] 基里勒很小的时候就随着父母迁居底特律，过

着悲惨的生活，父亲让他认命，母亲则鼓励他去奋斗，并说："世界上没有谁跟你一样，你是独一无二的。"他相信了母亲的话，确信"自己就是第一，即使不是唯一的第一，也是并列第一。"他去一个汽车营销公司，人家让他出示名片，他递上一张黑桃A，人家问他"为什么是黑桃A？"他说："A代表第一，而我刚好是第一。"他被录用后，经过努力，果然做到了"世界第一"，一年销售汽车1425辆。

人人都可以学习基里勒。

培养争强好胜的个性（最具有魅力的个性）是养成积极心态的最佳催化剂。在现代这个竞争已经达到白热化的世界上，要想职业上取得成功，就要永远保持积极的心态，最需要的就是敢于争做第一，"即使不是唯一的第一，也是并列第一。"

5. 模仿

所谓"模仿"，就是按照某种样子学着做，尽量达到惟妙惟肖。这里，主要是指通过模仿心态积极的人的行为（生理状态），培养自己的积极心态。

人的行为、状态是人的心态的反映。有什么心态，就会有什么行动；模仿什么样的行动，也会形成什么样的心理态度。古人云："近朱者赤，近墨者黑。"人是善于模仿的。善于模仿是人类的天赋。模仿生龙活虎的状态，就会培养出积极的心态；反之，模仿悲观消沉的行为，也会生成消极的心态。当然，模仿也需要积累。模仿积极的生龙活虎的状态并内化为积极的心态，需要一些时间。现代，出现了很多"模

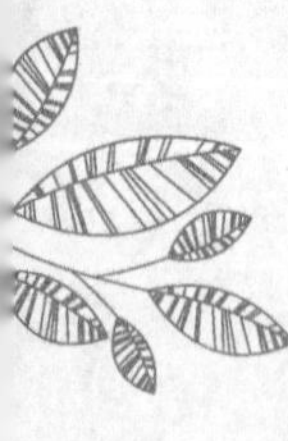

仿秀”，就是这样生成的。

人和任何系统一样，最重要的特质就是富有弹性。模仿就是通过积极行为的模仿，形成自我的积极心态。每个成功人物，几乎都有过其崇拜的偶像（模仿的对象）。例如，巴尔扎克就崇拜过拿破仑，他将拿破仑的塑像摆在工作室里，并在其塑像底座上写上一句誓言：“彼以剑锋创其始者，我将以笔锋竟其业。”正是这种模仿，使巴尔扎克具有了克服各种困难的超凡的积极心态，成为举世皆知的著名作家。

6. 清除心中的灰尘（自卑）

自卑，是心灵中的灰尘，是消极心态的典型表现。要形成、保持和发扬积极心态，就要坚决彻底清除这种心中的灰尘，不要让它磨灭成功的灵气。

消极心态各式各样，惧怕批评、害怕失败、惧怕疾病、害怕失去爱等，自我发现后，就应当清除。

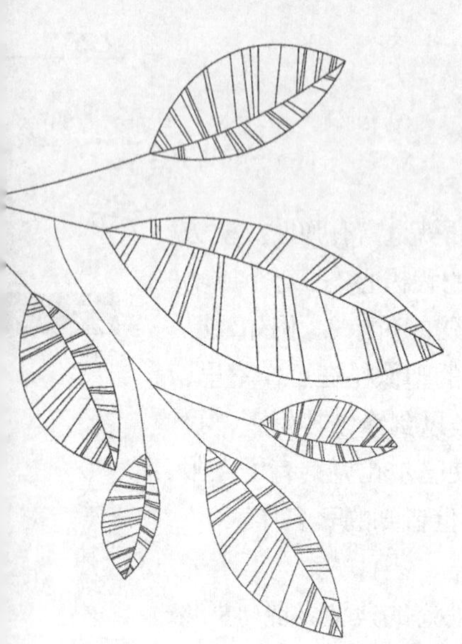

第七章

职业道德及其基本规范

Chapter 7

职业道德是职业素质的核心和统摄，具有明显的职业特征，决定着从业者整体素质的高低。

第一节　职业道德概述

一、职业道德内涵

职业道德是社会道德在职业生活中的具体体现，它是在职业范围内形成的比较稳定的道德观念、行为规范和习俗的总和，也是调节职业集团内部人们之间的关系以及职业集团与社会各个方面关系的行为准则，是评价从业人员的职业行为善恶、荣辱的标准，对于该行业的从业人员具有特殊的约束力。恩格斯说："每一个行业，都各有各的道德。"每一个行业的道德，就是职业道德，它是一般社会道德在职业生活中的特殊道德要求，带有明显的职业特征。

职业道德是随着社会分工的发展，并出现相对稳定的职业集团或行业时产生的，随着人类的职业活动逐步形成和发展。很明显，职业生活实践是职业道德产生的基础。从事某种特定职业的人们，由于有着共同的劳动方式，接受共同的职业训练，经历着共同的职业实践，往往具有共同的职业兴趣、爱好、行为习惯和心理，结成特殊的职业关系，形成特殊的职业责任和职业纪律，从而产生职业所特有的职业行为规范和道德要求。

二、职业道德特征

要理解职业道德，需要准确把握职业道德的下列特点。

（1）从性质来看，职业道德作为上层建筑的组成部分，由经济基础决定，是一定社会的经济关系的反映，并体现一定阶级的要求和愿望，为一定阶级的利益服务。职业道德是阶级道德在职业生活中的特殊体现。

（2）从内容上看，职业道德主要包括职业道德规范和从业者的职业道德观念、情感和品质。它是特定职业实践的产物，在职业实践活动中形成并得到检验，表现的是某个职业特有的道德传统和道德习惯；它反映特定职业、行业乃至产业特殊利益的要求，还表现为某个职业的人的道德情感体验，继而形成稳定的道德意志和道德品质。

（3）从表现形式来看，职业道德具有多样性的特点。职业道德更加具体、灵活、多样。往往采用制度、条例、公约、守则、承诺、誓言，甚至以标语、口号之类的形式出现。

职业道德在范围和对象方面，具有鲜明的行业特定性和具体规范。也就是说，职业道德具有特定的适用性和适用范围。

由于职业教育不断发展和世代延续的特征，职业道德也就具有历史继承性的特点。

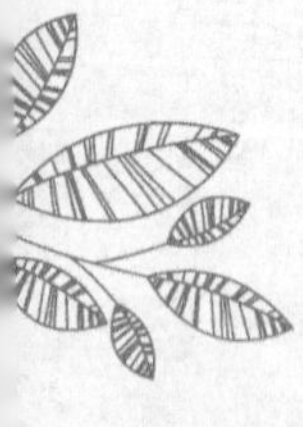

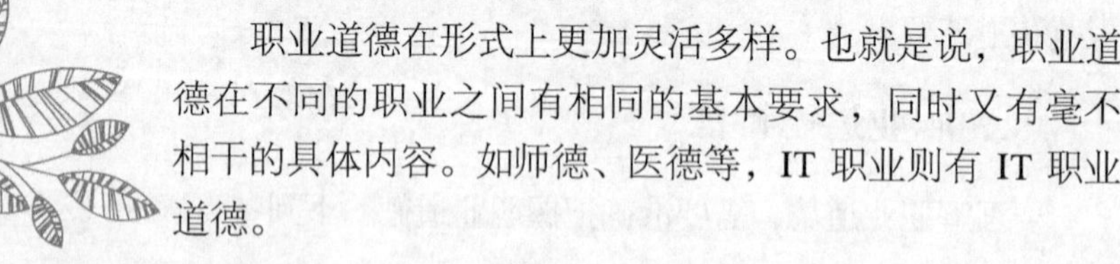

职业道德在形式上更加灵活多样。也就是说，职业道德在不同的职业之间有相同的基本要求，同时又有毫不相干的具体内容。如师德、医德等，IT 职业则有 IT 职业道德。

第二节 职业道德的基本规范

社会主义职业道德规范主要有爱岗敬业、诚实守信、办事公道、服务群众和奉献社会。

一、爱岗敬业

1. 爱岗敬业的内涵

爱岗敬业是社会主义职业道德所倡导的首要规范。爱岗，就是热爱自己的本职工作，尽心尽力完成好本职工作；敬业，就是要用一种恭敬严谨的态度，来对待自己的职业（认真、专心、负责任等）。爱岗敬业，就是对自己的职业岗位工作具有热爱虔诚、专心致志、勤奋上进、忠于职守的思想境界和行为品质。具有这种素质，就不会把职业仅仅当做一种谋生的手段，而是看成一种神圣使命，当成实现人生价值的机会，对职业产生一种神圣感、虔诚感。

爱岗敬业具有鲜明的直觉性，集中表现人在职业活动中的高尚人格、品行和内心世界的美好。具有爱岗敬业精神的职业者，会在内心深处形成对其职业的高标准要求，做到兢兢业业、尽职尽责、尽其所能、无私无畏，圆满、优质地完成本职工作。

2. 爱岗敬业的具体要求

（1）热爱本职。热爱本职就是要从内心里热爱并热心于自己所从事的职业和岗位，把干好本职当做愉快的事情，做到心甘情愿、其乐融融。

热爱本职，实际上是职业情感问题、态度问题。职业情感是从业者对职业喜欢或者厌恶的情绪和态度。一般来说，一个人喜欢其职业，就会对所从事的职业兴趣盎然，倾注满腔的工作热情，并且有一种荣誉感和尊严感。例如，现在有一些在 IT 企业工作的年轻人就有这种情感，常常把乐业之情溢于言表。然而，职业没有高低、贵贱之分。有很多乐于奉献的人，坚持在不良环境或者艰苦环境中工作，以“宁肯一人脏，换来万人净”、“辛苦我一人，造福千万家”的崇高精神，尽职尽责、无怨无悔、默默奉献，更受到社会和广大人民群众的称赞和尊敬。

（2）尽职尽责。尽职尽责体现着强烈的事业心。事业心是为实现远大理想而献身于一项具体事业的决心，它受职业理想的指导，但比职业理想更具体、更现实、更准确。高度的事业心是做好一切工作的前提。事业心和责任感是密切相关的。在事业心的启动下发扬责任感，就会对职业工作尽心尽力、尽职尽责，心甘情愿为职业、为事业着想，坚持不懈、不遗余力，做出自己的奉献。

（3）坚守岗位。坚守岗位就是忠实地履行岗位责任，执行岗位规范，在任何情况下都能坚守岗位，认真负责和刻苦勤奋地工作。认真负责指的是工作态度，工作中专心致志、精力集中、心无旁骛，一丝不苟、保质保量、优质地完成工作任务；刻苦勤奋指的是在工作中，能经受各种艰难困苦，

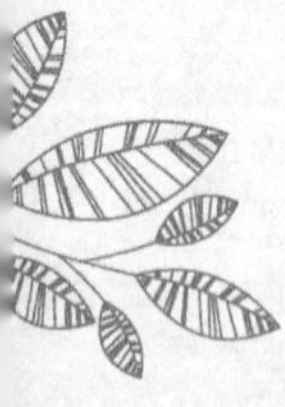

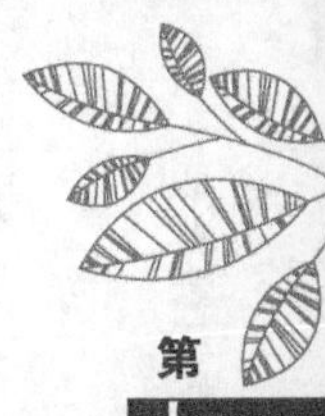

胜不骄、败不馁，努力解决各种难题，有所作为。

二、诚实守信

1. 诚实守信的内涵

“诚”和“信”在古义中是相通的。《说文解字》中说“诚，信也，从言有声”；“信，诚也，从人言”。在理解的向度上，“诚”和“信”具有不同的特点。“诚”指“内诚于心”，“信”是“外信于人”，即所谓“忠诚发乎心，信效著乎外”。具体地说，“诚”是道德主体的道德修行，表现为诚挚、诚恳、真诚等内在的道德诉求；“信”是“内诚”的外化，表现为重言诺、守信用、讲信义等社会化的道德实践。

诚实守信是一个道德范畴，要求人们注重内心的道德修养，以德立人，确立诚信的品格和境界；诚信品质养成之后，就可以转化诚信的道德实践，以诚待人。诚实守信是职业道德的根本。人无信无以立，职业无信也无以立。诚实守信是每个人的立德修身之本。诚实守信的职业道德是调节个人与个人、集体、社会关系的基本准则，是实现和谐集体、社会的前提。

2. 诚实守信的具体要求

诚实守信既是一种道德品质和道德信念，也是一种道德责任，更是一种崇高的人格力量。

不论从事任何职业，都要将“诚实守信”融入职业道德的具体要求之中，使其成为一切职业道德的“立足点”，以提高职业人员的思想素质和道德素质。作为职业道德的一项基本要求，诚实守信要求各行各业的从业者在其岗位上，都要增强爱岗敬业意识，诚实劳动，出勤出力。

三、办事公道

1. 办事公道的内涵

办事公道是职业道德的基本准则。它要求各行各业的从业者，以国家法律、法规、规章制度、公共道德准则为标准，秉公办事，公平、公正地处理问题；遵守本职工作行为准则，平等待人，不以私害公。

办事公道是一种比较高的人格修养。要做到办事公道，就要培养追求真理、追求正义的精神；培养公平、平等、正直的品格；养成心胸坦荡的品质，不屈服于歪门邪道的压力。

公道是历来为人所称赞的职业道德。古人云："天下为公，众生平等，机会均等，一视同仁。"

2. 办事公道的具体要求

（1）坚持原则，不徇私情。就是遵守国家法律，严守职业纪律。

（2）坚持真理，追求正义。即办事坚持以科学真理为标准，坚持正确的是非观，合乎公认的道理，合乎公认的正义。

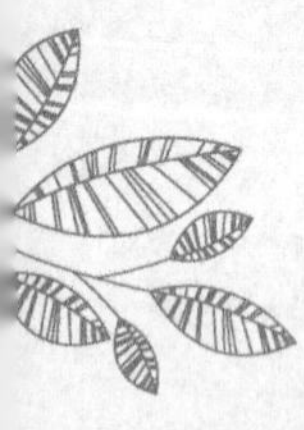

（3）廉洁奉公，不谋私利。即不借职权职务之便而损公肥私；不侵犯公共财物，不伤害公共利益，不贪图便宜，不假公济私，不以个人好恶处事。

（4）不计个人得失，不惧权势。办事公道，会碰到各种各样的权势者的干扰，就要敢于抵制，坚持真理，坚持正义。

四、服务群众

1．服务群众的内涵

人民群众是物质财富和精神财富的创造者，是社会变革的决定性力量。从业者要以“服务群众”作为基本职业道德规范。

2．服务群众的具体要求

（1）树立全心全意为人民服务的思想。热爱本职工作，甘当人民勤务员，做到心中有群众，真诚待群众，尊重群众，方便群众，尽职尽责地为群众服务。

（2）尊重群众，想群众之所想。做到以广大人民群众为主体，真心实意为群众办实事。

（3）提高服务质量，让群众满意。做到文明服务，表现出高尚的思想道德和文化素质。

五、奉献社会

1．奉献社会的内涵

奉献社会是人的社会价值的体现。奉献社会是社会主义道德的最高追求，是为人民服务和集体主义精神的最好体现。奉献社会，就是为社会创造物质成果和精神成果。爱迪生说：“我的人生哲学是工作，我要揭开大自然的奥秘，并以此为人类造福。我们在世的短暂人生中，我不知道还有什么比这种服务更好的了。”爱因斯坦认为，科学活动的根本目的，在于使用科学成果为人类造福。

2. 奉献社会的特征

奉献社会的突出特征表现在：自愿为他人、为社会贡献力量；有热心为社会服务的责任感，充分发挥主动性、创造性，尽全力做好本职工作；不计报酬，完全自愿地为他人、为社会做好公益工作。

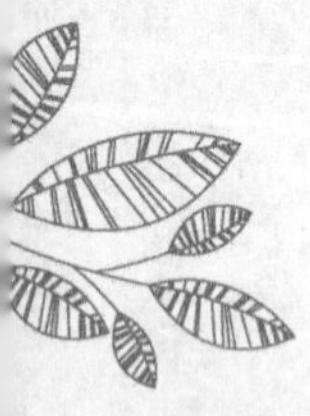

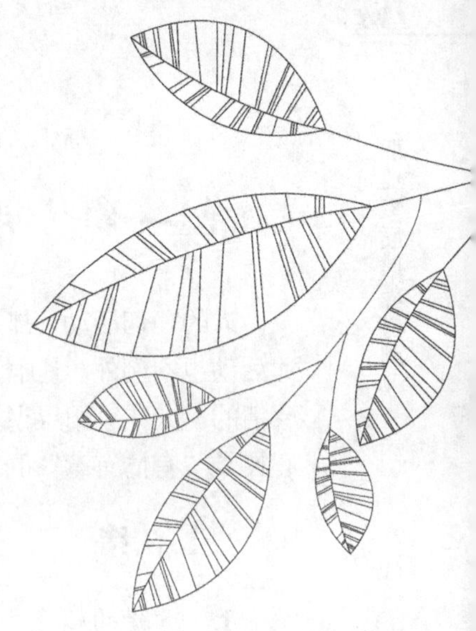

第八章

职业情感与情商

Chapter 8

从业者的职业情感，决定着他对企业的关系和态度，从而影响他的职业发展。情商是衡量情绪、情感的一个重要指标，是影响从业者职业发展的决定性因素，也是从业者最重要的素质之一。

第一节 情感、情绪与情商

人的一切活动，都是有知、情、意三大因素参与的，职业活动也不例外。其中，情包括情绪、情感。人都是有丰富感情的。大作家雨果说："比大海更丰富的，是人的心灵。"心灵是"有情有意"的。

一、情绪

1. 情绪的概念

关于"情绪"，有很多定义。《现代汉语词典》对于"情绪"有两种解释：一是"人从事某种活动时产生的兴奋心理状态"，如情绪高涨等；二是"指不愉快的情感"，如闹情绪等。在人的日常生活中，经常会出现这样那样的情绪：比如，观看一场动人心弦的、起伏跌宕的悲喜剧，会使人一会儿悲、一会儿喜，激动不已；完成一项创作或艰难的工作，会感受到一阵轻松和愉快；失去亲人，会让人一阵阵痛苦和悲伤；面对敌人或者坏人作恶，会抑制不住愤怒等，诸如此类的感情上的变化，就是"情绪"。

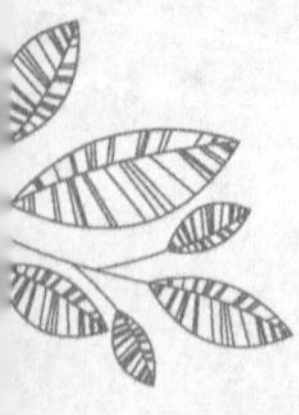

正如心理学家所说："情绪是人对事物关系或主观态度的体验。实际上，情绪是人所具有的一种心理形式，并具有独特主观体验的形式（如喜、怒、悲等感情色彩）、外部表现形式（面部表情、语言表达、身体动作等）以及独特的心

理活动”。

2. 情绪的类型

情绪类型纷繁多样，很难用语言分辨清楚。尽管如此，古今中外学者还是从各自的角度，对情绪分类做过很多研究。

我国在秦汉以前，《礼记》中，就有“七情（喜、怒、哀、惧、爱、恶、欲）”之分。随后，东汉班固著《白虎通》则有“六情（喜、怒、哀、乐、爱、恶、）”之分。到了 1944 年，心理学家林传鼎从《说文解字》中，找出了 354 个描述情绪的表达词汇，并归纳为 18 类：安静、喜悦、恨怒、哀怜、悲痛、忧虑、愤急、烦闷、恐惧、惊骇、恭敬、抚爱、憎恶、贪欲、嫉妒、傲慢、惭愧、耻辱。他认为，人类丰富多变的情绪主要由这 18 类基本情绪整合而成，一个人在某个时刻可能有一种情绪，也可能有多种情绪的组合。

在外国，也有许多心理学家、哲学家进行过情绪分类研究。例如，著名学者笛卡儿强调情绪是人类行动的活力因素，并将基本情绪分为 6 类：羡慕、爱、恨、欲望、愉快、悲哀。1872 年，达尔文在著作《人与动物的表情》中，指出了多种情绪，其中有：快乐、痛苦、忧虑、悲哀、沮丧、失望、憎恨、兴奋、羞惭、吃惊、恐惧、轻蔑、厌恶、骄傲、负罪感等。近来，情绪心理学家将情绪分为基本情绪和复合情绪。复合情绪由基本情绪组合而成。表 8-1 列举了一种比较详细的分类。

表 8-1　　情绪分类

基本情绪	复合情绪
愤怒	生气、微愠、憎恨、急怒、不平、烦躁、敌意、恨意、暴力
恐惧	焦虑、惊恐、紧张、关切、慌乱、忧心、警觉、疑虑、恐惧症、恐慌症
快乐	轻松、如释重负、满足、幸福、愉悦、欣慰、骄傲、兴奋、狂喜、狂躁
爱	认可、友善、信赖、和善、温情、亲密、挚爱、宠爱、痴恋
惊讶	震惊、讶然、惊喜、叹为观止
厌恶	轻视、轻蔑、讥讽、排拒
羞耻	愧疚、尴尬、懊悔、耻辱

3. 情绪状态

根据情绪发生的强度、持续性和紧张度，可以把情绪分为激情、应激和心境三种状态。在一般情况下，人的一切心理活动都带有情绪色彩，而且以不同的激情、应激或心境状态显露出来。

（1）激情，是一种强烈的、短暂的、具有强烈爆发性，如狂喜、愤怒、恐惧、绝望等，是由对个人具有重大意义的强烈刺激，发生对立意向冲突而引起的。在这种状态下，人的内部器官激烈变化并伴有明显的表情动作。积极的激情与理智、坚强意志相关联，能激励人克服艰难万险，攻克难关；消极的激情能影响人的感知力、判断力以及行为应变力。

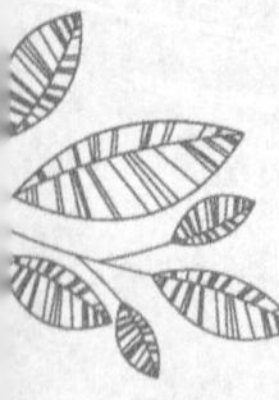

（2）应激，是在一种意外的情况下，引起的紧急而高度紧张的情绪状态。如因火灾、水灾、地震、交通事故、亲人

猝然病死等产生的情感体验。在应激状态下，人可能出现两种表现：或目瞪口呆、手忙脚乱、陷入绝境，或急中生智、果断行动、摆脱困境。人如果长期处于应激状态，对于身心健康不利。

（3）心境，是一种比较持久的、微弱的、影响人的精神活动的情绪状态。具有弥散性的特点。当人处于心境时，往往会以同样的情绪看待一切事物。良好心境使人有一种“事事如意”之感；不良心境，会使人有一种“万念俱灰”之感。工作的顺逆、职业的成败、人际关系的好坏、生活情境的优劣、健康情况等，都会导致某种心境。心境对人的学习、从业、生活有很大影响。良好心境，有利于建立积极的心态、开发潜能、提高素质、建功立业；不良心境，会产生消极的心态，使人厌烦职业工作、意志消沉、无所作为。

4. 情绪判断

情绪反应比起理性反应快得多，几乎是不假思索立即动作。情绪从被刺激到爆发几乎是间不容发，知觉的评估必须在瞬间（以千分之一秒计算）。

情绪判断是直觉型的。特别是强烈的情绪，其判断如“不及掩耳”的“迅雷”。

5. 情绪风格

情绪风格是情绪反应的模式，是多种多样的，大致可以分为快速反应、缓慢反应和召之即来反应三类模式，详细见表 8-2。

表 8-2 情绪风格

情绪风格	情绪表现
快速反应模式	情绪多是先于思想或者是同时发生，在生死存亡的关键时刻，尤其是如此。如“快刀斩乱麻”式，可以让人在霎时间进行紧急总动员。最强烈的情绪常常是不由自主的，犹如“倏忽而至的热病，非意志所能控制”。因此，也常成为冲动行事的借口
缓慢反应模式	先于思想中慢慢酝酿，最后再形成情绪，即先有清晰的思想而后产生情绪，比较复杂的情绪，如尴尬或者焦虑等情绪，都是遵循这种模式
召之即来反应模式	这是一种通过思想引发的情绪。最精谙此道的莫过于演员，如为了效果逼真唤起悲伤的记忆，使眼泪夺眶而出，为了表现大喜，便狂笑不止等。快乐的回忆令人喜悦，忧郁的思绪引人烦恼，这是千古不变的道理。感觉大抵是不召自来的

6. 情绪逻辑

情绪运作的逻辑是联想式的。理智可以在因果之间建立合乎逻辑的联系，而情感往往是盲目的。情绪逻辑是一种以自我为中心的自我肯定型的思维模式。凡是与其信念不符合的事实或者记忆都予以忽略或者排斥，紧紧抓住足够支持自己的证据。理性以客观证据做判断，而情绪则完全凭其信念做主。因此，情绪激动的人，是很难与之理论的。任何道理，只要与其信念不符，他便听不进去。

二、情感

关于“情感”，也有很多定义。《现代汉语词典》对于“情感”的解释是“人对外界刺激的肯定或否定的心理反应，如喜欢、愤怒、悲伤、恐惧、爱慕、厌恶等”。按此定义，“情感”和“情绪”没有显著的差别。故有的心理学家对这两个概念往往不加区别，并在同等意义上引用这两个概念。其实，“情感”一词包括“情”和“感”两个字。“感”有感觉、感受、感动等意思；“情”，则有区别于感觉的感情、情意、情丝之解。情感作为感情性反映的范畴，着重于表明情绪过程的感受方面（主观体验方面）。另外，情绪是与低级需要相联系的，是由直观感知而产生的态度体验，短暂而易变；而情感常常与高级的社会需要相联系，是在理性认知基础上产生的态度体验，稳定而持久。

在日常生活中，广泛应用“感情”这个“术语”，以表示广义的情绪、情感状态，在科学概念上感情代表情绪、情感的一般现象。

三、情商

情商是情绪（智）商、情感（智）商的简称，它是现代成功学的一个新概念。20 世纪 90 年代以来，情商理论脱颖而出。

1. 情商的内涵

情商的内涵主要包括以下几个方面。

（1）情绪的知觉、评估和表达的能力。即人从其生理状态、情感体验和思维中辨认其情绪的能力；通过语言、声音、仪表和行为，从他人、艺术作品、各种设计中辨认情绪的能力；准确表达情绪，以及与这些情绪有关的需要的能力；区分情绪表达中的准确性和真实性的能力。

（2）思维过程中的情绪促进能力。即情绪的引导能力；情绪对与之有关的判断和记忆过程产生积极作用的能力；心境的起伏，使个体从积极到消极摆动变化、促进个体多角度思考的能力；情绪状态对特定问题的解决所具有的促进能力。

（3）理解与分析情绪，获得情绪信息的能力。即认识情绪及其语言表达的能力；理解情绪所传送的意义的能力；认识和分析情绪成因的能力；理解和分析复杂情绪的能力。

（4）对情绪进行成熟调节的能力。即以开放的心情接受各种情绪的能力；根据所获得的情绪信息与判断，成熟地排除某种情绪的能力；成熟地监测与自己、他人有关的情绪的能力。

2. 情商与智商

如果说“智商”反映传统意义上智力的质量与高低；那么“情商”则被用来衡量情感智商的质量与高低。如果说智商更多地用来预测一个人的学业成就，那么，情商就是用来预测一个人能否取得职业或事业成功的、更为有效的标志。它能更好地反映个体对社会的适应性和自我超越性。值得注意的是，情商和智商是对立的统一体，但并不是相互抵触的。高智商者也可能具有高情商或者低情商；低智商者也可能具有低智商或者高智商。事实上，两者之间还存在着某种程度的相关性，智商高而情商特低，或者情商高而智商特

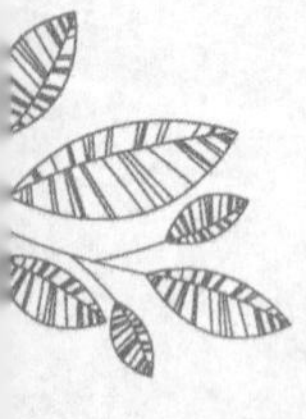

低的人，在现实生活中都比较少见。

一个人脑子聪明、智商高，并非一定成才或者成功，而智商较低也不一定就不能成功成才。这是因为，智慧心理结构极其复杂，任何一种智慧行为都有多种智慧参与。根据这些因素的机能或功能常将他们分为以下两个系统。

（1）认知性心理机能系统。包括观察、感知、注意、记忆、思维和想象等要素。这个系统直接参与人的智慧活动，常称为智力系统，其中的各个要素被称为智力因素。

（2）非认知性心理机能系统。包括动机、兴趣、需要、信念、理想、情绪、情感、态度、价值观、意志、性格、气质等非智力因素。该系统对智力因素具有动力和调节等技能或功能。虽然这些非智力因素不直接参与认知、处理各种信息等具体操作，但对智慧活动起着启动、强化、维持、定向、引导和调控作用。如果说智力系统是人在职（事）业活动中成功的利剑，那么非智力因素就是挥动利剑的动力。

人类对非智力因素及其作用的关注由来已久，早在我国古代，学者们就已经注意到非智力因素在智慧活动中的重大作用。有一句名言说得非常好："非不能也，是不为也。"意思是：不是不会做，而是不肯做。其中，"能"是指智力因素，"为"是非智力因素。"不为"，即不去做，怎能成功。墨子说："志不强者智不达。"意思说，非智力因素不强，智力因素不可能发挥作用，当然不能取得职（事）业的成功。我国学者虽然没有提出情商的概念，但对非智力因素及其作用的认知远远在西方之前，例如，在学习理论中，在古代就非常强调知、情、意的共同参与和作用。

第二节　情商的结构及其培养

随着人类对非智力因素理论以及成功心理学的日益深化的研究，情商理论便脱颖而出。20世纪90年代以来，情商理论风靡全世界，成为现代成功心理学的一个最热门的话题。随之，又出现了“意商”（包括“意向商”、“意志商”）、“逆境商”、“顺境商”以及“心商”等话题。“心商”是“智商”、“情商”和“意商”的综合。同时，对“情商”的结构进行了深入地研究，以便为情商的培养和提高提供依据。比较有代表性的是唐映红提出的“五要素”：自我意识、自我激励、情绪控制、人际智能、承受挫折能力。

一、自我意识

自我意识是人自我辨识情绪的敏锐能力，即在情绪刚出现时就能辨别出来的能力，它是情商的基础。人经过有意识的培养和训练，可以提高自我意识的能力。

一切成就、一切财富，都始于一个意念。这个意念指的是创意、主意，即自我意识，是对自我的认知、评价、期望和规划。因此，可以说，自我意识是人生的总体规划师。在

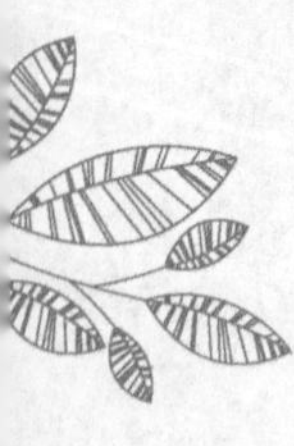

情商氛围内，自我意识是人对自己情绪、情感以及有关的识别、评价、期望和意念的心理体验。要提高"情商"，就要提高情绪、情感的自我意识。

1. 培养和提高情绪自觉

情绪、情感、智慧贵在自觉。人在情绪特别是激烈情绪发生之时要立即识别并加以控制，这就是情绪自觉。所谓"情绪自觉"，是指注意力（专注力）不因情绪的干扰而迷失、夸大或者过度反应，并在情绪纷扰中保持自醒自悟能力。在激烈情绪爆发之际，进一步可能狂风暴雨，退一步则可能晴空万里。

实际上，情绪自觉是人对内心激烈情绪状态的自我调控，或者冷静、处之泰然；或者自觉"发怒"。自觉"发怒"有比较大的转变空间，可以选择发泄或冷静，还可以"海阔天空"地退一步。一般人对待情绪的态度有三种模式，如表 8-3 所示。

表 8-3　　三种对待情绪的态度模式

模式	对待情绪的态度
难以自拔型	情绪多变而不自觉，常常被情绪所淹没，无力摆脱，听从情绪摆布
逆来顺受型	对其情绪清楚，但逆来顺受，不求改变。有两种类型：非进取型，常保持无奈的愉快情绪，不求进取；任命型，经常情绪恶劣、自由放任
自觉调控型	能敏锐察觉、识别自己的情绪状态，且善于管理、调控情绪。情绪好时，积极向上；情绪不佳时，能快速走出阴霾

2. 选择积极的自我意识

自我意识有两种类型：积极自我意识和消极自我意识。职业成功者都选择并保持积极自我意识。他们在积极心态的支配下，一般都能比较敏锐察觉、识别自己的情绪状态，且善于管理、调控情绪，不断向成功目标前进；而失败者或平庸者常常让消极自我意识占上风。每个想成功的人都应当采取积极的自我意识，以积极的心态，提升情绪自觉，培养积极乐观的情绪。

著名戏剧家萧伯纳说得好："人们总是把自己的处境归咎于命运。我不相信命运。出人头地的人都是主动寻找自己所祈求的命运；如果找不到，他们就去创造运气和机会"。著名生物学家巴斯德说："机遇只偏爱那些有准备的头脑。"这种准备，只有在积极的自我意识的基础上才能做出。尼·布勒马指出："伟人从来不等待机会，而是创造机会。"

3. 发现和驾驭自我意识

积极自我意识既不是与生俱来的，也不是天上降下来的。它是在长期的自我咨询和积极的自我暗示中形成的。为此，需要正确分析和评价。自己一个人如能找出自己的优势和劣势、长处和短处，就会抛弃包袱，轻装前进，做到"方向明确信心足，步伐坚定效率高"，成为职业的"弄潮儿"。

4. 提高自我意识

积极自我意识是影响职业成功的关键要素。但其形成和提高，不是短期的事情，需要一个比较长期的心理历程。

第一，要珍惜自己。要认识到，人人都是独特的，都有独特的、迷人的个性和魅力。相信自己在世界上是独一无二的，“不是绝对第一，也是并列第一”。

第二，避免庸俗，追求高尚。“近朱者赤，近墨者黑。”大凡成功的职业者都追求高尚的事物，反对庸俗的东西。

第三，向获得成功的“失败者”学习。“失败是成功之母”。失败的教训是非常可贵的，它可以让从业者或创业者避开失败的途径，找到成功的方向。

第四，善于结交朋友。要想成功从业或创业，就要跟品德高尚、站在人生光明面、具有高情商、自我意识强的人交往，可以取得成功从业或创业的经验；同时，多读一些励志修养的书刊。

第五，要相信自己能行。每个人都有创造的潜能。无论从事什么职业，都要心智坚强，不断做心理暗示，便可以无往而不胜。

第六，提升自我意识要始于足下。有了初步的自我意识，就要迈出追求职业成功的第一步。经验表明，哪怕小小的成功，对一个人提升自我意识都是一个很大的推动。

二、自我激励

向往职业成功、向往创业成功，是每一个高职生孜孜以求的目标。但是，要出色地完成每一个步骤、每一件事情，没有驱动力、没有热情、没有干劲、没有判别的精神，是不可能的。成功心理学研究表明，要想获得职业成功，需要强而有力地激励，包括自我激励和外部激励。自我激励是从业者的内在激励，是根本。自我激励在职业历程中起着教育引擎的作用，是“情商”的引擎的设计师。

1. 自我激励的本质

自我激励，就是通过语言或者其他方式对自己的知觉、思想、想象、情绪、情感、意志等进行刺激的过程。常称为心理暗示或自动暗示。它是一种启示，提醒个体应当注意、追求和做什么，怎样行动。

心理暗示也区分为积极和消极两种。积极的自我暗示会产生积极的自我激励，形成积极的自我意识和积极的心态，促进积极的行为。

大多数人的生活境界既不好也不坏，相当于“半杯牛奶”。面对这“半杯牛奶”，消极的心理暗示会为了少半杯而怏怏不乐；积极的心理暗示，则暗示“还有半杯，真不错，可以好好享用一番。”从而精神振奋，行动起来。

2. 自我激励的类型和方法

激励因素多种多样，激励类型和方法也多种多样，见表 8-4。每个人都应当选择适合自己的自我激励类型，不断提高自我激励的水平和效果。

表 8-4　　自我激励的类型

激励类型	内涵
目标激励	目标具有导向、动力等功能，能催人奋进，是强大的自我激励因素。利用目标激励，可以激励从业者、创业者努力拼搏，不获得成功决不罢休

续表

激励类型	内涵
动机激励	人的每一个活动都是直接来自动机。研究表明，启发个体的基本动机有 10 类：自我图存的欲望、再生的欲望、自由发展的欲望、受赏识的欲望、物质利益欲望、爱的需要、性情的需要、畏惧的感情、愤怒的感情、憎恨的感情
任务激励	人都有其理想、志向和抱负，愿意为其职（事）业奋斗。任务激励就是让个人肩负起自己的责任，以各种提示的方式，激发其责任感、使命感和奉献精神，圆满完成任务
荣誉激励	每个人都有荣誉感，希望获得集体、组织和社会的精神鼓励或回报，得到精神上的满足
信任激励	组织、领导和同事的信任是一种重大的激励，可以激发从业者的积极性，发挥智慧和潜能，为职业做出更多、更大的奉献
情感激励	情感是催人奋进的最直接的因素之一。通过情感激励，可以建立良好的、亲切的人际关系，激发从业者的工作热情和积极行动的心态，为职业多做奉献
强化激励	做出成果，给予自己肯定或奖赏，或者与亲朋庆祝一次，就是一种正强化；遭受挫折做出自我反思，找出继续奋斗的途径，是一种负强化。两种强化，殊途同归，都是很好的自我激励
数据激励	数据对比，能使人产生强烈的印象，激发强烈的情感。谁要获得职业的成功，就要为自己的目标制订明确的“定额”
榜样激励	榜样是人生的楷模，能给人以极大的精神力量，让人追踪他们的人生轨迹，立大志、做大事、创大业

三、情绪控制

研究表明，职业成功者并不是或者不只是靠传统智力

（智商）的高低，而是对自我情绪的控制和对他人情绪的辨识。维持和提升情商，保持一种积极、乐观、自信、进取的良好心境；避免不良情绪状态受愤怒、抑郁、悲观等消极情绪的影响，就可以使自己安全地行进在职业的道路上。因此，情绪控制被称为“情商”的安全工程师。

1. 控制好理性的阀门

情绪是非理性的，生活中的非理性因素很多，或多或少会造成各种情绪障碍。其中，影响职业成功的主要有妒忌、愤怒、恐惧、抑郁、紧张、猜疑、躁狂、淡漠、歇斯底里等，这些情绪对个人的职业或者事业都是有害的，一旦出现，就要控制好理性的“阀门”，注意克服，严重时需要抓紧治疗。

现在，人类社会进入到信息时代，从业者要在这创意/创造如泉涌的竞争中找到成功之路，既有众多机会，又面临许多挑战，更需要良好的心理素质。从目前情况来看，青年当中情绪化的现象比较严重，下面列举几种典型形象，可见一斑。

（1）情绪兴奋过度：兴高采烈，忘乎所以。无论干什么（唱卡拉 OK、跳舞等），都兴之所至，不顾一切，明天工作全然不顾……

（2）情绪过分低落：垂头丧气，干什么都没劲。“光阴好似流水，我至今什么也不会。我不想荒废，也不想成累赘，怕的是一切全都白费。”

（3）自我感觉良好时，仿佛是一只骄傲的公鸡。谈得来，就闲聊……

（4）自我感觉欠佳时，就像泄了气的皮球，总是无精打采……

情绪化是一种不成熟的表现，也是不能自我控制情绪的表现。必须加强培养理性控制情绪的能力。

2. 学会控制情绪

人的情绪有时好有时坏，经常变化，首先要用心来控制，才能有效。第二，让行为控制情绪。弱者，让情绪控制行为，而强者让行为控制情绪。第三，要警惕各种不良情绪的干扰。第四，应当体察、宽容别人的情绪。第五，要主动自我控制情绪，掌握自己的命运。

四、人际智能

一位哲人说得好，人生的美好是人情的美好，人生的丰富是人际关系的丰富。每一个人的成长、发展、成功、幸福，是与他人的交往和关系息息相关的；人际关系是个人成功路上的“润滑剂”。因此，人际智能起着“情商”公关策划师的作用。

历来，成功心理学家和行为科学家都非常关心个体成功因素的探讨。其中，人际智能（人际关系能力）备受关注。总地说来，人际交往能力对于职业（事业）成功是不可或缺的，犹如鱼离不开水一样。

1. 要警惕人际交往的“陷阱”

在市场经济的条件下，要特别注意相互关系的“清洁”，杜绝腐败和各种犯罪问题的发生。同时，要扫除各种性格障碍、情绪障碍、理解性障碍、心理定势障碍和技巧性障碍。

（1）性格障碍。所谓“性格”，就是个人的比较稳定的本质性心理特征的综合。主要表现为对他人、对社会、对劳动、对职业工作的态度，以及对自己的态度等。心理学家按照性格凸显的部分将人的性格障碍划分为10种类型，见表8-5。

表8–5　　性格障碍

性格类型	主要优点	主要缺点
激越型	精力充沛，喜欢活动，积极乐观，能说会道善于交际	做事较轻率，行为易不顾道德，喜空洞计划，做事不严谨，易产生忧郁或躁狂
心境恶劣	严肃认真，道德高尚，为人公正	思维缓慢，不够灵活，不主动，易脱离集体；不善言辞，不喜交际，悲观，被动，很少与人冲突；易患忧郁
易变型	心境好时，认真负责，准确及时	情绪易波动；易怒、暴躁；沉默寡言，言语缓慢，闷闷不乐，也可能阿谀奉承；不易与人相处
停滞型	自我要求高，渴望公正	不善交际，好为人师，令人厌烦；固执己见；多疑，好报复；自命不凡，虚荣心、妒忌心重；易受委屈。易引起心肌梗塞、高血压或神经衰弱等
惊慌型	重友谊，自我批评精神强	缺乏交往勇气及自信心；心情低落；与人冲突少；担心受惩罚。易得抑郁、神经衰弱等
动情型	无私，富有爱心，有责任感努力勤勉，很少与人冲突	只同少数人交往，不露委屈；过分敏感，喜流泪；在受到攻击或不公正待遇时，易得忧郁、心肌梗塞、高血压

续表

性格类型	主要优点	主要缺点
演示型	和气礼貌，顽强执着，目标明确有演绎天才，善交际，追求领导地位	渴望关注与表扬；善搞诡计，过分自信，自命不凡；行为放纵、自私；在利益受损时，易得歇斯底里神经症
激情型	利他主义，有同情心，艺术鉴赏力高，感情鲜明、真诚，善交际	喜欢与人争论，但热情过分，感情脆弱，易大惊小怪或绝望；遇到失败或悲痛之时易发生忧郁
外向型	善于言谈、倾听、交际；工作勤勉	易受他人影响，“无主见”唯命是从；易轻信别人。在单独工作时情绪高涨
内向型	为人矜持，四平八稳，深思熟虑而行，有坚定的信念和原则性	不善于交际，表情单一；固执己见，思想不切合实际；喜孤独，少冲突；当失去心爱工作时，易得精神分裂症

（2）情绪障碍。在人际交往中，理解对方情绪是成功交往的关键。人际冲突会引起各种不良情绪（愤怒、恐惧、抑郁、紧张、猜疑、躁狂、淡漠、歇斯底里），形成情绪障碍，必须排除。

（3）理解性障碍。常由于词不达意、不注意、不善于倾听、先入之见以及否定心理定势等而形成。排除这些障碍，就要善于倾听、善于言辞、善于洞察。

（4）心理定势障碍。这种障碍是由固定模式看人、待人造成的。要排除这种障碍，就得排除对应的心理定势（肯定或者否定的）。

（5）技巧性障碍。由于交往技巧不当引起。排除的方法是改善交往的技巧。

2. 改善人际交往

做好交往的心理准备。主要包括：讲究诚信、善于微笑、尊重对方、豁达大度、平等待人、将心比心、充满自信、善于辩解、谨慎而不拘束。

3. 巧妙安排交往程序

（1）创造交往的机会。如交往之始，要安排合适的引见者。

（2）讲究沟通方法。采用最适宜、最有效的沟通方式方法与技巧。

（3）巧妙运用沟通艺术，改善人际关系。人际关系复杂而微妙，需要多种沟通艺术。如令人叫绝的拒绝术、机智的劝说术、恰当的赞美术等。此外，还要会运用批评人的艺术。

4. 创建人际资产

所谓“人际资产”，就是一种建立在共同信念、互相信赖与尊重的基础上的、有效的、良好的人际关系网络。首先要珍惜初次见面的机会，取得对方好感而又不失体面；其次注重为对方服务，表现交往的诚意。

五、承受挫败能力

大浪淘沙，优胜劣汰。纵观历史，横览世界，就不难发现，成功的职业者无一不是战胜挫折和失败而来。因此，承受挫败的能力是"情商"的后勤维修师。实际上，挫折和失败只是告诫从业者：此路不通，请选择另外的路。因此，从业者要总结经验教训，再选择新的探索之路。

挫折和失败是一种逆境，则承受挫败能力的大小，就被称为逆境商。逆境考验从业者的意志和毅力。从业者面对逆境，要敢于接受逆境的挑战，实际上是挑战自己。在逆境面前，勇气致胜，胆略致胜。只要内心拒败，就会反败为胜。

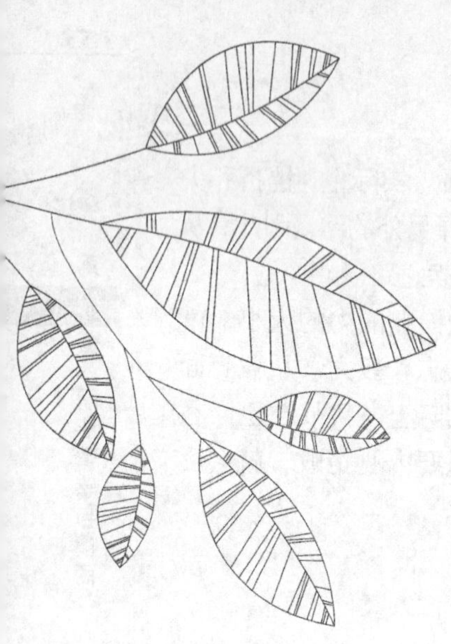

第九章

职业智能培养

Chapter 9

智能要素是从业者、创业者进行职业活动的直接操作者，是取得职业成功的利剑。在市场经济发达的时代，职业者需要磨砺这把利剑。

第一节 职业智能——职业成功的利剑

现代人越来越重视智能投资。追求高学历、高技术不仅成为一种时尚，而且也是人的成功意识的一份觉醒。在市场经济如此盛行、白热化的信息时代，渴望建功立业的人，非常需要磨砺智能这把利剑。

一、职业成功需要智能

任何职业的成功，首先来源于创意。创意是职业成功的起点，打好基础，创意会为职业成功开辟广阔的道路。每个人都会创意，取得成功。但是，需要达到一定能量，即“创意能”。“创意能”就是产生创意的能量，创造性的意识能。

“人”既是物质的，也是意识的。既有物质性，也有意识性。任何物质都有能力，称为物质能或物理能，物质能是守恒的，不能放大，也不能人为地创造。而人的意识也是有能量的，称为意识能，或者是通常所说的智能，是由信息产生的，是一种“信息能”。“信息能”不但可以放大，而且还可以人为地产生、创造、发展和超越。

二、开拓和发挥智能

智能、信息能，关系着职业创意的成败，以及成功的范围、大小等关键问题。以积极的心态，开拓和发挥智能的潜力，使智能发挥到最佳状态，需要做到以下几点。

（1）大量地、不断地积累和存储知识信息，建构多元化的、结构合理的知识结构。

知识是观念形态的信息，真理是知识的核心和精华。知识结构是各种相关知识在人脑中的有机组织形式。配比合理性、相关性和协调性俱佳的知识结构是合理的知识结构。它应该是纵横交错、井然有序的网状结构。事业或职业成功的人士，都具有最优化的知识结构。例如，我国三国时代的诸葛亮就是这方面的典型，他通晓当时的天文、地理、军事、政治、经济、设计、发明等，并形成了创造性的知识结构，因而能灵活地解决西蜀面临的军事、政治、经济等战略战术问题，做出了富有创造性的决策。

现代科学大师爱因斯坦通晓物理、数学、哲学、美学、思维科学、思想实验、音乐等，具备了现代科学家的最优化的多元化的高知识结构，因而能无与伦比地发挥其创造性才能，对现代科学做出了划时代的贡献。不但成为了一位伟大的理论物理学大师，还是一位思想大师。

（2）树立科学的世界观，掌握正确的思维方式方法，确立明确的战略目标，能在创意创造时善于找出最佳突破点，采取灵活的策略，获得职业成功。

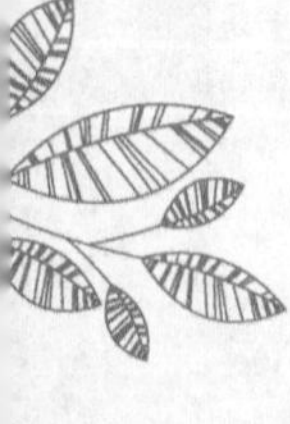

策略、方法是才能的一半。人类智能之剑的神奇，就在于它能发挥策略、方法的作用。例如，达尔文以其观察法发展他天才的观察力，创立了科学进化论；爱因斯坦以其独特的目标法，发展其注意力和专注力，萌生出“追光”和“升降机”两个思想实验，创立了具有划时代意义的相对论等。人类的一切成功，包括最伟大的成就和一般的职业创意，都是运用科学世界观和方法论，以及采用灵活的策略、方法的结果。

（3）充分利用客观条件，实现能量转换，发挥信息能（即智能）的无限潜力的作用。

一是在创意创造过程中充分考虑客观实际和现实条件，将其他能量转化为智能，以实现最佳的创意创造；一是在完成创意创造之后，再充分利用自身条件和社会条件，最大限度地实施创意创造，以博得社会的认可和采纳。

（4）放大智能，提升创意创造，使其成为更大、更高级的创意创造成果。就像当年爱因斯坦将狭义相对论推广到广义相对论那样或者像当年泰戈尔从诗歌创作逐步推进到戏剧、散文、小说、作曲、绘画等的创作一样。

成功依赖智能的发展，智能又拓宽、提升成功，这是一条规律。渴望追求更多、更大成功，多为人类奉献的人，就得不断地深挖、发挥自己的潜能。认定潜能是无限的，信息能也是无限的，取之不尽，用之不竭。

第二节　智能的培养和提升

如前所述，智能包括智力（一般能力、通用能力或关键能力）和特殊能力（专业能力、专门能力或职业能力）。特殊能力在专业课和专业实践环节中培养。这里，着重一般智能的培养。

一、培养和提升观察力、洞察力

1. 观察

观察是一种特殊的感知觉。感觉和知觉分别是客观事物的个别特性和整体通过感官在头脑的反映过程，观察与一般感知不同，其特殊性在于以下三方面。

（1）观察是运用感官主动搜集信息。实验、实习、采风等也是观察，是在受控条件下搜集信息的方法。观察是有系统并且相对持久的，因而所获知觉印象更为鲜明持久。宋朝画家文同在住室窗外栽种一片竹子，朝夕观察揣摩，脑海中总有个鲜明生动的竹子形象，被称为“胸有成竹”，因而擅长画竹。

观察时，眼耳鼻舌身所有感官都参与感知，但主要是看。大脑中有 4 万神经通路，其中一半是与眼睛相连；外界信息通过各种感官进入大脑，其中通过视觉的占 80% ~ 90%。

（2）有情感意志等心理因素参加。仁者见仁，智者见智。同一棵树，植物学家观察它属于哪科哪类；木匠看它适用制作什么木器；画家观察它形体色彩美在何处；乐观者喜它郁郁葱葱，悲愁者看它则阴阴森森。

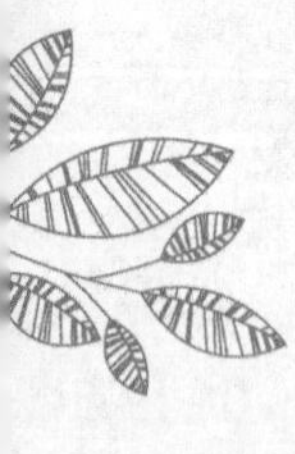

（3）观察是思维的知觉，与思维相联系。宋代沈括 1074 年在雁荡山只见有巨石而无散砂，经反复观察思考，认定是

流水冲击侵蚀的结果。西欧对此现象发现和论述，比沈括晚了 700 年。

2. 观察力、洞察力及其作用

观察力是准确、快速、深入、全面地捕捉认识对象特征的能力。对于主要靠观察和实验进行治学、科研的人，观察力尤为重要。青霉素的发明者弗莱明说："我的唯一功劳，就是没有忽视观察"。达尔文说："我既没有突出的理解，也没有过人的智慧。只是在观察那些稍纵即逝的事物并对其进行精细观察的能力上，我可能在众人之上"。观察对于发展智力、搞好学习有着重大作用。

洞察力是一种深层次的观察力。它具有直接认知事物本质的穿透能力，即能"一眼望穿"的能力。这是一种含有推测或想象的能力。哥白尼的"日心说"、达尔文的"进化论"和毕加索的抽象画等，都是来源于神奇的洞察力。

观察力有很多作用，主要有以下几种。

（1）观察是获知纠误，有所发现的首要步骤，获取知识要靠观察，印度物理学家拉曼提出"拉曼效应"，提出海水呈蓝色是日光散射的结果，这是他从观察海水开始研究出来的。

发现创造也要靠观察。学者伯特罗说，真理存在于我们之外，只有观察才能发现。达尔文创立进化论、凯卜勒发现行星运行规律，都是长期观察的硕果。没有观察就没有科学。所以，巴埔洛夫强调："观察、观察、再观察"。应该首先学会观察。

学习离不开观察。理解和记忆间接经验，需要以观察为基础，苏霍姆林斯基称观察为“理解和记忆之母”。获取直接经验更需要观察。“用笔不灵看燕舞，行文无序看花开”。写作有赖于观察，学习数学，如理解数量关系式和空间图形也要依赖认真观察。

（2）观察力直接影响整个智力的高低，观察力好像智力结构中的耳目。所谓聪明，就是耳聪目明、观察力强。观察是智慧的能源。牛顿发现万有引力定律、阿基米德发现浮力原理等也都源自得力的观察。达尔文名著《物种起源》更是观察的功劳。因此，他提出一个公式，成功=功夫+机遇+观察。观察力强能够探幽索隐，察微知著。许多著名侦探破获疑难大案，很大程度上得力善于观察。

3. 观察的技法

（1）做好观察准备，包括精神、知识和用具准备。精神准备就是确定观察的目的、要求、方法和程序，带着问题去观察；知识准备，即先掌握有关的知识；用具准备，即调试用具并会灵活使用。

（2）运用感知规律即有序律等以下八种规律。

① 有序律；按一定顺序观察，诸如由远到近，从外到内，由此及彼，从整到零等。

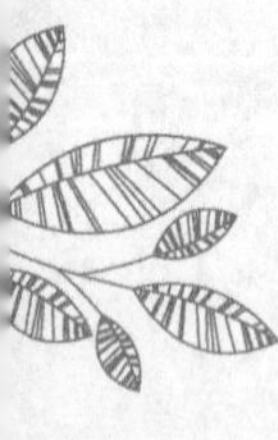

② 强度律：增强观察的感受性。感受性即对事物感受的能力及敏锐程度。感受性高低由感觉阈（足以引起相应感觉的刺激量）度量。感受性越高，感觉阈越低；反之，则相反。要使观察对象进入感觉阈，就要提高信息刺激强度。

③ 差异律：增大观察对象与背景在形态、颜色、距离等方面的差异，将对象突出。

④ 活动律：使观察对象在静止的背景下活动起来。

⑤ 对比律：将观察对象与其他事物两相对照来观察。

⑥ 组合律：将观察对象与其周围事物组成系统观察，可观察得全面系统。

⑦ 变式律：不断改变观察对象的形式或者观察的角度。

⑧ 协同律：调动各种感官，协同感知观察对象。

（3）客观地进行观察。观察时应避免先入为主和感情色彩，要保持良好心境和稳定的情绪，防止产生错觉。可以用不同方法从各个方面反复观察，将全面观察与重点观察、综合观察与分解观察结合起来；也可采用自然观察与实验观察相结合；必要时还可做多次连续的系列观察，力求细致精密、准确完整，例如，哥白尼观察天体就长达32年。

（4）在观察中思考研究。通过观察对象的表面现象和外部特征，思考其本质、规律：留心各种意外现象，抓住各种机遇，注意每一个细节，既要善于描述又要科学解释。1896年伦琴用克鲁克斯管做实验，认真观察，发现了X射线。而X光部位总是发出磷光，贝克勒尔对此反复实验观察与思索，终于发现是放射性物质发出射线，为居里夫人发现镭揭开序幕。

（5）精心总结全面记录，实践检验。对观察结果要认真思考总结、科学表达，并通过实践活动加以检验鉴别。

4．观察力的培养

培养观察力，既要发挥非智力因素的作用，也要发挥有关的智力因素的作用，不断增强观察的知识能和生理基础。

（1）养成良好的观察习惯，培养浓厚的观察兴趣。这就要坚持有目的、有计划、有选择地观察。目的明确，才能观察集中，取得成效；计划周密，才能在观察中层层深入；有选择，才能凝聚观察的焦点到观察目标上，收到观察的实效。对于培养观察的习惯，有的科学家认为，在研究工作中养成良好的观察习惯，比拥有大量的学术知识更为重要。观察兴趣是引导观察的向导，培养观察兴趣是培养观察力的重要条件。

（2）发展相关的智力因素。智力因素之间的关系非常密切。注意力集中，记忆牢固，想象丰富，思维深刻，都有利于培养观察力。

（3）掌握有关观察的知识技能。熟练运用感知的规律，学会观察的方法程序，坚持实事求是的观察，是提高观察力绝对不可缺少的基础条件。

（4）发展各保护感觉器官，讲究用脑卫生。这是保持和提高敏锐观察力的物质其础。

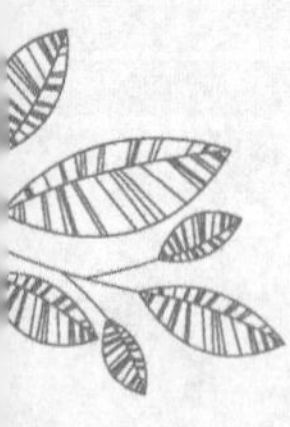

二、注意力、专注力及其培养

1．注意力和专注力

注意是一种定向反射适应性反射，具有指向性和集中性。指向性是对一定事物的选择，集中性是对所选择事物的贯注和坚持。

当注意某一事物时，大脑皮质的兴奋区集中在与其相关的部位，其余不相关部位就抑制，从而得以更清晰地反映这一事物。同时，外部发生适应性动作：目不转睛、侧耳倾听；无关动作停止；呼吸变得缓慢轻微，屏息静听。

注意过程的开始阶段是指向和选择，持续阶段是集中和专注，完结阶段是结束或转移。注意集中，方能产生长期效应。专注是走向成功的“磁力导向”，注意高度集中就是入迷状态，可使治学高度有效。

注意力，是将心理活动集中指向一定事物的能力。它是智力活动的维护者，在人的认识活动和创造活动中有重大意义。一位昆虫学家说，要把精力集中到一个焦点上。听课、观察事物、思索问题都需要注意力集中。只有注意力集中，听课、观察、思索才能顺利高效。没有对事物的注意，也就不可能有对事物的认识。所以，注意是学业有成的必要条件。

注意力制约着整个智力的发展。注意力不集中，观察就不能细致，记忆就不能牢固，思维和想象就无法启动。心理学实验证明：集中注意看两遍材料，比不注意地阅读10次记忆效果好得多。所以有人说，天才不过是持久的注意力。

专注力是“专心致志”的一种注意力。专心致志是打开成功之门、富有之门、幸福之门、荣誉之门等的金钥匙。爱迪生认为，专心是成功的第一要素。

2. 注意的技法

（1）充分利用无意注意、自发注意亦即充分利用没有目的、不需要特别努力来维持的注意。办法：地点固定，环境安静，作息定时，做好准备，姿态端正；学习内容新颖，进度适宜，方法恰当，兴趣盎然，求知欲望强烈。

（2）努力调动有意注意亦即努力调节有目的、做出努力的注意。力求全神贯注，专心致志。办法：明确学习目的意义，树立学习责任感，增大学习兴趣；围绕学习对象不断自我质疑，积极思维，适时变换学习方式，使学习活动多样化，预防注意疲劳。

（3）培养自我调节能力即使无意注意和有意注意有节奏地交替。

3. 注意力的培养和锻炼

（1）发挥非智力因素的育智作用意向和责任感可以支配注意力，兴趣可以吸引注意力，意志和认真努力可以控制注意力，自我暗示和信念可激励自己集中注意力。总之，注意力需要多种优秀品质的支持和促进。

（2）有意地训练。有人为了锻炼自己的有意注意，有意到噪杂环境中读书，经久锻炼，便可“闹中求静”、“乱中求序”，锻炼注意力。

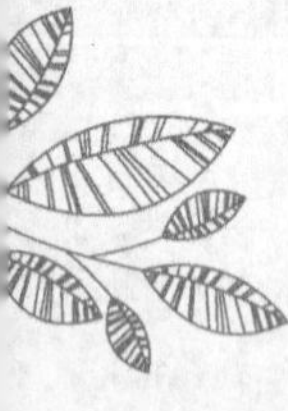

（3）养成习惯。如果使专心致志成为学习习惯，便能容易地实现注意力的高度集中。

（4）保持合理的学习结构。适当变换学习内容和方式，调节学习节奏（有张有弛）和难度，节奏单调、过难过易都会削弱注意力。

（5）讲究用脑卫生。科学用脑、劳逸适度、身心健康、情绪良好，才能聚精会神。

三、记忆力及其提高

1. 记忆和记忆力

记忆是大脑对于已经历过的事物和获得的知识信息的储存和再现。记忆力是储存和再现知识信息的能力。记忆是智力活动的信息仓库。俄国的苏沃诺夫说："记忆是智慧的仓库"。通过记忆，可以储存大量知识信息，并随时提取再现，用于治学实践。

记忆过程分三个阶段：识记（即输入）、记录、感知阶段；保持（即编码）、潜伏、储存阶段；回忆（即输出）、提取、再认和复现阶段。

记忆是与生命息息相关的极其复杂的一种功能。人的记忆潜力是很大的。1957 年，一个英国人能背到圆周率π的5050 位；1958 年，一位加拿大学生背到π的 8750 位；1980 年，一个日本人竟背到π的两万位。

记忆是学习必备的武器。学习知识主要就是在理解基础上转化为记忆，正如培根所说："一切知识不过是记忆"。科研、创造需要大量的知识储备，更要靠记忆。操作技能的习练也要靠记忆。

记忆力是整个智力的基础，是智力结构中的仓库。生理学家谢切诺夫称记忆是整个生理生活的基本条件。没有记忆，观察无法实现，想象失去了基地，而思维也就没有了原材料。总之，智慧离不开记忆，正如有人说："记忆是个收藏家，专藏人间智慧花"。

2. 记忆方法

记忆方法多达百种。高职生至少应该掌握如下几种最常用的记忆法。

（1）协同法识记时，要使更多器官参与，记的起点在感知。多渠道输入信息，可增强对大脑的刺激，有利于记忆。心理学实验证明：只听，3 小时能记住 70%，3 日后能记住 10%；只看，能各记住 72%和 20%；听看结合，各能记住 85%和 65%。朗读比默读记得效果好，因为朗读口、耳、眼都用。所以学习时听、读、看、写、记相结合，做到眼耳口手脑五到，记忆效果最佳。

（2）理解法根据内在联系记忆事物，只有理解深，才能记得牢。实验表明，记住 80 句有意义的诗句，比记住 80 个无关的字词，精力可节省 10 倍。

（3）系统法运用概括、归类、歌决等方法，把记忆内容放进知识系统里，便于检索。心理学家布鲁纳说："人类记忆的首要问题不是储存而是检索，而检索的关键在于组织，即到哪里去寻找信息和怎样去获得信息"。记忆仓库有隔板，新知识放进应放的位置，就较易检索。例如，我国历史朝纲有如下歌诀："唐尧虞舜夏商周，春秋战国乱悠悠，秦汉三国晋统一，南朝北朝是对头，隋唐五代又十国，宋元明清帝

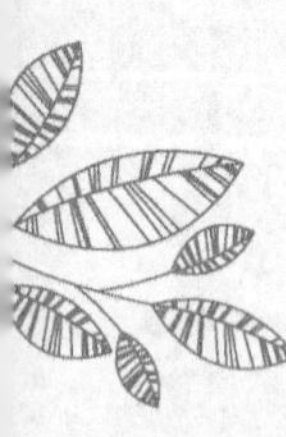

国休”。

（4）形象法把记忆对象化为形象，使形象配合记忆，左、右半脑协同记忆，会使记忆效果更优。大脑能记住的语言信息量与形象信息量的比例为 1:1000。学习内容模型化、影视化，极有利于记忆。实验表明，利用形象控制能提高记忆效率 20%。强烈印象记忆法、发掘特征记忆法、图表记忆法、轮廓骨架记忆法和“原型”记忆法等，都属于形象记忆法。

（5）联想法通过联想，接通有关神经的暂时联系，会使再次重现即检索更为容易。联想有多种，诸如谐音联想、念义联想、接近联想、类似联想等，善于联想，大大有利于记忆。

（6）强化法记忆就是同遗忘做斗争。反复背诵、经常复习就是强化。复习记忆法的要点，见表 9-1。

表 9-1　复习记忆法

复习记忆法	具体方法
及时复习记忆	遗忘规律是先快后慢，实验表明：20 分钟后遗忘 42%，1 小时后遗忘 56%，24 小时后遗忘 66%，30 天后遗忘 79%。因此，复习应该先密后疏
分散复习记忆	一天复习 60 分钟不如分三天每天复习 20 分钟。分散法优于集中法
早晚复习记忆	早醒无前摄抑制（先记知识对后记知识的干扰）：睡前无后摄抑制（后记知识对先记材料的干扰），利于记忆
交叉复习记忆	适时变换学习内容和方法，如文理交替，读写交替等

续表

复习记忆法	具体方法
超常复习记忆	复习到能记住以后再复习若干次，就能保持长久。一般以 150%最佳，即如果复习 10 次能记住，则以复习 15 次为最优
复述复习记忆	朗读 10 次再背诵，不如朗读两三次就背诵
循环复习记忆	第二次复习既复习新内容，又复习前次复习的内容，依次类推，滚雪球式复习
分段复习记忆	复习内容多，宜用分段复习。一位心理学家证实：人一次能记住的最大数量是七。要记住很多事项时，可按其性质分成七个以下数量为一组

3. 记忆力的培养

记忆力的强弱是衡量一个人智力高低的一项重要指标。记忆的速度、准确度和持久度是衡量记忆力的标志。人的记忆潜力是巨大的。据统计，健康人的头脑可以容纳 5 亿多册（每册按 300 页计）书的信息。至今，智力发挥最优的学者也只是用了该容量的一小部分。

发展相关的智力因素，培养良好的习惯，掌握记忆方法，讲究用脑卫生，也都适用于对记忆力的培养。此外，要特别注意以下三点。

（1）坚持做记忆操。托尔斯泰说，背诵是记忆力的体操。坚持背诵，是锻炼记忆力的基本功。

（2）发挥意向、兴趣、情感和信心等非智力因素对记忆的积极作用。实验表明，自觉要求记住可记住 80%，无要求只能记住 43%。兴趣是记忆的推进器，人只记感兴趣的东西。乐观情绪有利于记忆，引起快感的信息容易记住。“相信一定能记住”的自我暗示，有利于记忆。

（3）善忘不必记的东西，正确的遗忘等于想起了一半。记忆要区分信息类型，把不必记忆的删除掉。

四、思维力及其磨砺

思维力是学习成功的智力要素。爱因斯坦说：“整个科学不过是日常思维的一种提炼”，“学习知识要善于思考、思考、再思考。我就是靠这个学习方法成为科学家的”。思维力是整个智力结构的核心要素。无论是研究还是学习技术或科学，都要靠人的科学思维能力。

1. 思维和思维力概述

根据心理学的概括，思维是人脑对客观事物的间接的和概括的认识过程。思维力是人脑对客观事物本质和规律的这种反映能力，是人认识事物本质和发展规律的本领，是智力活动的核心。通过思维，可以把握事物的一般属性和本质属性。人的一切智力活动，包括观察、记忆、注意、想象等，无不是在思维的带领和参与下进行的。思维力的高低和活跃程度，直接关系到学习、工作和研究的成败。爱因斯坦说：“人们解决世界上的所有问题是用大脑的思维和智慧，而不是搬书本”。

人类文明史上，凡是有成就和贡献的科学家和艺术大师，不仅在于他们的博学，更重要的是他们具有高超的思维力。这是因为，只有思维，才能到达创造的境界，赢得成功的机会。不思维，再好的机会也会从身边溜走。

思维与生命、物质是人类认识的三大任务。当今世界出现和保持的“思维热”，思维科学的飞跃发展，都充分说明思维力的重要。

2. 思维的特点

（1）思维与语言不可分割。语言是思维的武器，是交流思想的工具。正是有了语言，人才能对事物进行间接的和概括的认识，并传递知识信息、交流思想、总结思维成果。

（2）思维与形象紧密联系。从心理机制方面来看，思维是两大信号系统协同活动的产物。在形象思维中是以第一信号系统的活动为主导，而在抽象思维中则以第二信号系统为主导。形象思维和抽象思维，是人类认识世界和改造世界的两柄利剑。可见，大学生在学习中，必须把语言和形象结合起来，才能投入积极思维，并获得实效。

（3）思维与问题互相联系。任何思维总是由发现问题开始，以解决问题告终。鲁宾斯坦说：“思维通常是由问题情境产生的，并且以解决问题情境为目的的”。

由于思维具有问题性的特点，在学习中就必须遵循疑—问—思的规律。朱熹说：“读书无疑者，须教有疑。有疑者却要无疑，到这里方是长进”。又说：“始读，未知有疑。其次则渐渐有疑。中则节节是疑。过了这一番，疑渐渐释，以至融会贯通，都无所疑，方始是学”。从无疑到有疑，再从有疑到无疑。

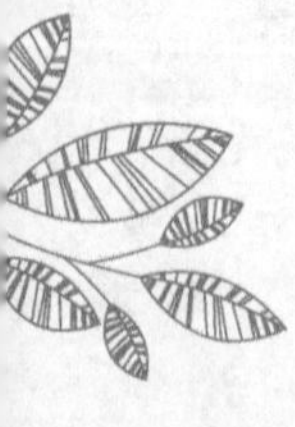

（4）思维与感知密不可分，凭借形象而进行的思维，是

从感性认识到理性认识的中间环节。可见思维与感知是密切联系的。因此，在学习中应当充分利用直观材料和各种感知材料，开展思维活动。

3. 思维的类型

思维是多层次的、多水平的。首先，按思维形态可分为：操作思维、形象思维和抽象思维。

操作思维，也称实践思维，是凭借直接感知，在实际操作中完成的思维。例如，电灯不亮了，可通过一系列实际检验操作查清原因（钨丝断了或是接触不良等）。

形象思维，是凭借事物的形象，并按照描述逻辑的规律而进行的思维。思维形式有表象、联想和想象。表象是单个的；联想是把两个表象联接起来；想象则是表象的联想，即将一系列表象融合为一，构成一幅新形象的图景。形象思维的范围很广，有人认为，在现代人的言语思维中，形象思维占 80%~90%，可见，在治学中，不管什么科学，不管思维多么抽象，如果得不到形象的支持，或者没有形象思维的参与，都不可能顺利进行。即使像高等数学等理论性很强的学科，也不能与形象绝缘。所以，在学习各门学科时，都要运用形象思维。

抽象思维也即逻辑思维，是凭借概念并按逻辑规律而进行的思维。思维形式有概念、判断和推理。概念是事物本质属性的反映，是单个存在的；判断是两个或多个概念的联接；推理是两个或多个判断的联接。

抽象思维又区分为形式逻辑思维和辩证逻辑思维。前者是在相对稳定的状况下认识客观现实，反映其比较稳定的一面；后者是在动态下认识客观现实，反映其不断发展、变化的一面。在物理学中，牛顿力学属于前者，爱因斯坦相对论则属于后者。前者用于继承已有知识，后者更适于发现新知。

其次，按思维指向性可区分为：发散思维和集中思维。发散思维是信息向多方向扩散的思维，在构思方案之始可得多种方案，其功能是求异、创新，又称求异思维，有利于创造；集中思维，是指思维信息向单一方向集中，其功能是求同，又称为求同性思维，是在构思方案之终获得最优方案。

再次，按思维的创造性程度又可区分为：习惯性思维和创造性思维。习惯性思维即按习以为常的模式进行思维，也称为定势思维或再现性思维，适用于再现性学习或继承性学习，不利于创新；创造性思维可产生新的思维成果，有利于培养创新意识和创造力。

4. 思维技法

（1）分析和综合。分析，就是将事物的各种属性、各个部分或方面分解开来，分别加以考察的思维方法；综合则是把事物的各种属性、各个部分或方面联系在一起进行考察的一种思维方法。分析是化整为零，综合则是化零为整。两者互相依存，互相促进。只分析，不综合，就会只见树木，不见森林；反之，只综合，不分析，就会只见森林，不见树木。在实际进行思维时，是先分析后综合，还是先综合后分析，要具体分析。分析和综合都是多层次的。

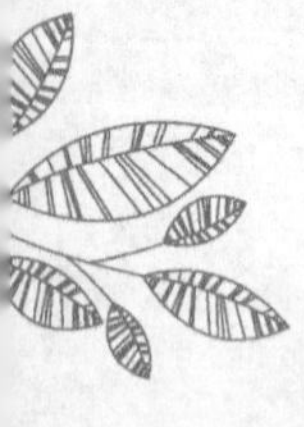

任何一门科学知识及其所研究的对象，都有其整体的一面，也有其部分的一面。因此，在学习和研究中，就必须把分析和综合结合起来加以运用。例如，读一本经典著作，总要先浏览一番，了解其全貌；然后，分章分节精读，掌握要领和重点，汲取其精华；最后，再联成一体，融会贯通，并力求读出新意。所以，读书的过程，就是不断地分析和综合的过程。

（2）比较和归类。比较就是把各种事物加以对比，以确定其间的异同点的一种思维方法。任何一门科学知识与其研究对象总有相同的一面，也有其不同的一面。比较的思维方法，就是同中求异，异中求同。通过比较，抓住知识和事物的特点，获得精确的认识。巴浦洛夫谆谆告诫青年："要学会干科学中的粗活。要研究事实，对比事实，积聚事实"。

归类是按照一定的标准将事物分成若干类的一种思维方法。它是从比较中派生出来的，任何科学的知识及研究对象，总是处在一定的关系和联系之中，完全有类可归。在治学过程中，归类有利于知识的系统化、条理化，有利于知识智能结构的不断优化、合理化。

（3）抽象和概括。抽象是把事物共同的一般属性或本质属性抽出来加以考察的思维方法。抽象是在分析的基础上进行的，通过分析了解了各种事物的各种属性之后，就可以将共同属性挑选出来予以考察。

概括则是把抽取出来的事物的共同属性或本质属性联系起来加以考察的思维方法。它和综合是一致的，都是一种联接性思维。不同的是，综合是把同一事物的各个属性联系为一体，而概括则是把不同事物的共同属性加以联合。

抽象和概括也是密切联系、不可分割的，抽象是概括的前提和基础，而概括又是抽象的补充或发展。把两者结合起来，才能形成科学的概念和正确的结论。

抽象和概括也是多层次的。只有通过不同层次的抽象和概括，才能达到去粗取精，去伪存真，由此及彼，由表及里的认识目的，获得科学的认识。

（4）系统化和具体化。系统化是将各种材料归入一定的序列，纳入一定的体系的思维方法。系统化是将材料予以系统地整理，以形成高效的系统，具体化是把概括的知识用于具体的、个别的事物的思维方法，这种方法能加深知识的深化理解和理论联系实际。

（5）归纳和演绎。归纳是从特殊到一般的思维方法，即根据大量事实做出一般结论。演绎则是从一般到特殊的思维方法，即从一般性原理出发，认识那些尚未认识的有关或类似的事物。人类的认识过程，归结起来，就是从特殊到一般，从一般到特殊的不断循环往复的过程。因此，把归纳和演绎结合起来，对认识过程具有特别重要的意义。

上述几种思维方法是密切联系，互相交织在一起的，在治学中综合予以运用，可收到互补、增益、相得益彰之效。

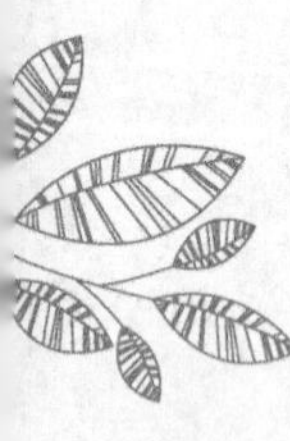

5. 思维力的磨砺和发展

（1）思维的发展及其特点。人的思维力发展一般趋势是由具体思维到抽象思维，亦即由操作思维发展到形象思维、再发展到形式逻辑思维和辩证逻辑思维。在这种趋势的支配下，思维技能和思维力的发展有下列特点：概念的掌握逐步深化；判断和推理逐步发展，由直观判断到客观判断，由简单的直接推理到复杂的间接推理；理解水平逐步提高，由直接理解到间接理解；思维的独立性和批判性逐步加强。

（2）思维技能的培养和思维力的磨砺首先要创设问题情境，以激发和活跃思维。生理学家瓦龙说："思维者，克服矛盾之过程也"。创设问题情境，就是使人从矛盾中发现问题和处理问题；其次是丰富表象和语言。思维是对信息加工的过程。信息是思维的原料，原料越丰富，思维就越有成效。表象和语言，就是思维的信息，它们为思维提供的原料越多，对思维越有益；第三，就是发展思维的武器，即表象、联想和形象，概念、判断和推理；第四，是遵循思维规律，如从具体到抽象、由感性到理性；以某种思维为主导，实现多种思维有机配合等；第五，灵活运用思维的各种方法，即前述的几种思维方法；最后，是多参加实践活动，通过实践发现实实在在必须解决的课题，更能磨砺思维能力。

6. 高职生如何深层次地自我发展思维技能和思维力

（1）学习思维科学知识。有人预言，21 世纪是生物学的世纪，再向前将是人类反思和思维科学的时代。思维科学研究思维的自然属性和社会属性，是一门综合性学科。当今世界出现了"思维热"，人才的竞争，关键在思维。思维科学对于发掘脑潜力具有重大意义。思维科学的发展，将进一步推动科学和文化艺术的发展，如抽象思维的发展，将为研究人工智能和更高级的电子计算机奠定理论基础；形象思维的发展，将为研究识别和绘制图形的电脑提供依据。可见，学习思维科学对当代大学生治学成才，具有何等重大的意义。

（2）学会运用科学思维的方法除了前述几种科学思维方法，还要学会运用思维的哲学方法，即唯物辨证法。恩格斯指出，辩证法是“最重要的思维形式”。还要学一点逻辑学。马克思一有机会就告诫人们：“应该逻辑地思维和明确地表达思想”。不但抽象思维有逻辑规律可循，而且形象思维、操作思维也有逻辑规律可循。抽象思维应遵循同一律、排中律和矛盾律，而形象思维应遵循完美律、融合律和理想律。学习逻辑学，可以提高科学思维力及表达能力。

（3）在独立思考中发展科学思维力。刀越磨越锋利，思维越用越灵活。独立思考能力是逼出来的，要自己逼自己，不断地对自己质疑、设疑，锻炼科学思维力。

（4）善于总结和反思。自觉地研究、改善思维方法，不要只满足弄懂具体知识本身。善于思维的人，会进一步整理思路，总结思维活动中的经验教训，并升华到逻辑学和哲学的高度加以概括、认识，将思维建立在更加自觉、主动和科学的基础上，在思维上做到精益求精。

（5）要学一点科技史或艺术史。从这些史实中可以了解前人的思维足迹、思维过程和思维方法，得到思维的宝贵经验。

五、想象力及其发展

1. 想象和想象力

想象是在记忆表象基础上构建新形象的心理过程。记忆表象是保持人脑中的客观事物形象，是综合同一或同类事物多次感知所形成的感性形象，以下称为原象。

想象力是在原象的基础上创造新形象的能力或本领。人的认识活动要富有创造性，就离不开丰富的想象力。可以说，想象力是智力活动腾飞的翅膀。在科学和艺术的创造中，想象力占有独特的地位。哲学家康德说："想象力作为一种创造性的认识能力，是一种强大的创造力量，它从实际自然所提供的材料中，创造出第二自然"。爱因斯坦说："想象力比知识更重要，因为知识是有限的，而想象力概括着世界的一切，推动着进步，而且是知识进化的源泉"。廷德尔说："想象力是科学理论的设计师"。

在中华民族的光辉文化传统中，想象力的巨大作用有着很多体现。从脍炙人口的唐诗宋词到文学巨著《三国演义》、《西游记》，从栩栩如生的敦煌壁画，到指南车、木牛流马的构思等，都凝聚着巨大的想象力，还有汉字，更体现了中华民族想象力的浩瀚。

至于世界各国人民的众多创造发明，以至两千多种学科，数以千计的职业的创立和发展，都展现了想象力的功劳。

严格地讲，不仅艺术创造需要丰富的想象力，而且科学研究也需要想象力。想象力是艺术创造的无尽的圣泉，也是科学发展的不竭源泉。没有想象力，就没有创造性意向，也就没有创造性思维和创造性活动。想象力可驱使人勇于进取。大学生学习基本上是再造想象的过程。获知需要想象，学习数学就需要丰富而精确的空间想象力，学习自然科学和社会科学，也都需要头脑中重现自然物和社会景象。创造性学习，更需要想象。学习中切不可熄灭想象的火花。

想象力带动整个智力的发展。马克思指出，想象是促进人类聪慧的伟大天赋。思维可以不借助语言而借助符号和形象。借助语言的思维过程也总是伴有具体的感性形象。想象力是智力结构中的翅膀。目前，一般人只使用了固有想象力的15%。开发想象力，必将显著提高整个智力。

2. 想象技法

（1）积极主动感知实物、景象、图片、模型，有意识地常在头脑中浮现这些形象，进行加工改造，浮想联翩，构建新形象。方法有：粘合，如牛头马面、狮身人面；夸张，如头如麦斗、腰大十围；增减，如三头六臂，独脚独眼；强调，如千里眼，顺风耳；典型化，如孙猴子、猪八戒。虽然这些例子都取自神话故事，但都体现出有效的想象方式。

（2）将文学中的语言描述，美术中的图形色彩，书法中的字体笔触，音乐中的曲调旋律，科学中的概念，操作中的动作技巧等转换为头脑中的形象。

（3）在头脑中有序地、多样地建构新形象。由不完整、不精确和不具体到逐步完整、精确和具体。从局部到整体，从细节到轮廓；也可相反。可以由形状到位置，由平面到立体，由这个角度到那个角度；由微观到宏观，由绝对大小到相对大小；由不变到变换，由静态到动态，由平移到旋转；由原状到延拓，由翻折到割补等，也可以倒过来，按相反顺序构想。

3. 想象力的开发

开发想象力，自然也要发挥非智力因素的作用，发展相关的智力因素，有意识地训练和养成习惯，讲究用脑卫生等，但要特别注意以下四点。

（1）大量积累储备头脑中的原象，多阅历，广见识，注意观察，多闻多见多想。通过接触大自然，参加各种社会实践，参观采风，旅行游览，博览群书，观看电视电影，收听广播等途径，广泛吸收、储存情景形象，为开发想象力提供原象基础。尽可能多地进行类比和联想。

（2）经常在头脑中浮现各种图形，并浮想联翩，塑造新图形或形成幻想图景，强化想象的翅膀。

（3）多欣赏文学、书法、音乐、舞蹈、绘画、雕塑等作品，并展开想象。多学习形象描述、比喻和模型。经常把头脑中的原象重组联合，进行用各种加工改造方法不断构建新形象的练习。

（4）培育想象意识，发展强烈的好奇心和浓厚的兴趣。这些都是振发想象力翅膀的原动力。

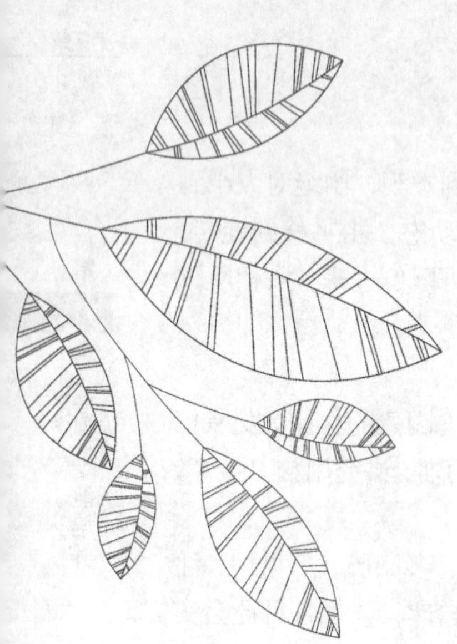

第十章 企业文化素质与培养

Chapter 10

高职教育是一种与区域社会经济发展关系最为紧密的教育类型，学校培养的大部分学生将走向企业，成为企业员工，因此，高职院校的培养目标必须与企业的要求相一致。除了专业技能外，认同企业文化、遵守企业文化已成为高职学生真正融入企业的重要素质，因为，企业文化融入高职院校校园文化，可以让学生尽早接受企业文化的熏陶，提高职业素养，实现高职院校人才的培养目标。

第一节　企业文化及其内涵

一、企业文化概念

企业文化理论是美国企业家和管理学家在20世纪80年代初提出的管理理论。企业文化是在长期的生产经营实践中创造和形成的、具有本企业特色的精神及观念，具体凝结为企业理念和企业精神是企业文化的核心内容。企业文化是从属于组织管理文化的概念，可作为一种亚文化，企业文化所需达到的目标是培育高效能的企业经营团队，以实现价值共守、精神共通、感情共流和命运共担。它是一个企业的灵魂，体现企业独特的文化氛围和企业的核心价值观，从较高层次上说，企业文化是企业发展过程中最具特色的、最核心的历史积淀和底蕴，是一个企业的象征。

企业文化的基础价值观是尊重一切劳动，尊重一切劳动者，其内涵主要包括：合格公民的意识与行为规范，合格劳动者的意识与行为规范，合格企业法人的意识与行为规范，环境生态意识与行为规范，多元文化理解与行为规范，等等。当前我国先进企业文化建设方向是与和谐社会建设是一致的，“民主法治、公平正义、诚实友爱、充满活力、安定有序、人与自然和谐相处”是当代企业文化在我们的经济和生产生活领域的具体实践原则。

二、企业文化包含的内容

将企业文化的基本内容融入高职学生的学习教育中，使高职学生能够在步入企业前对企业文化有所了解，步入企业后能够适应企业文化，适应企业的发展需求。

企业文化是企业的灵魂，企业文化建设既是企业思想工作的一项重要内容，也是现代企业管理的重要手段。根据企业文化的定义，其内容是十分广泛的，企业文化素质教育的主要内容应包括如下几点：企业环境、企业规章制度、企业价值观、企业精神与企业家精神、企业的社会责任、企业道德、团体意识、企业形象、企业制度等。这些内容既能体现企业文化的基本内涵，又能充实高职学生文化素质教育内容。

企业环境：即企业员工赖以工作和生活的硬件条件、设施。它包括企业的整体环境，员工个人工作的局部环境以及企业的整个视觉形象。企业环境的好坏反映着一个企业的外在形象，良好的企业形象有利于增强企业的知名度和信用度。如何在高职学校构建具有专业特点的企业环境，采用多种现代技术手段相结合在学校构建企业环境，培养与企业需求一致的人才，凸显职业教育的职业特色，正是职业院校应不断积极探索的内容之一。

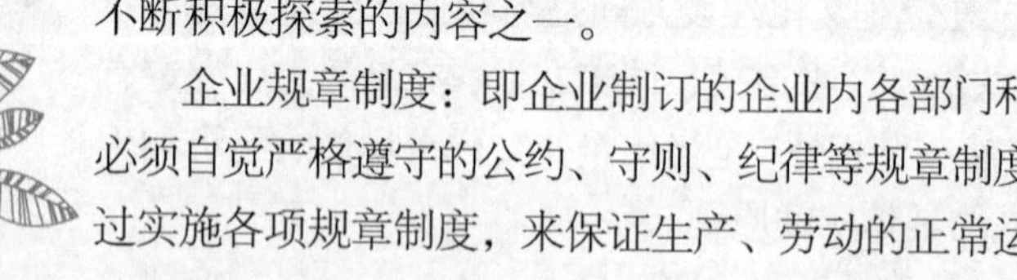

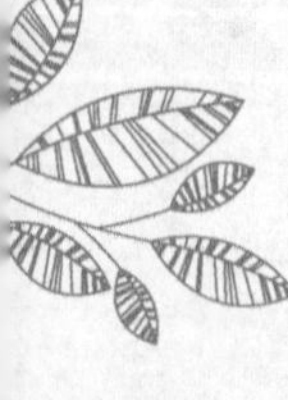

企业规章制度：即企业制订的企业内各部门和全体员工必须自觉严格遵守的公约、守则、纪律等规章制度。企业通过实施各项规章制度，来保证生产、劳动的正常运行，来协

调领导与职工、职工与职工、部门与部门之间的关系以及企业的对外关系。将企业规章制度适度引入到职业院校的教学及教育管理中，使职业学生提前意识企业与学校要求的区别，自觉约束自己，对学生养成良好的职业习惯有不断的促进作用。

企业价值观：企业的价值观以及由此而形成的企业精神是企业文化的核心，是企业员工在长期的生产、劳动、生活和经营管理中逐渐建立起来的一种共同的价值取向、心理趋向和文化定势。它是企业中最宝贵的精神财富。职业学生在校期间接受企业价值观的潜移默化的熏陶和培养，促使企业价值观外化在学生的行为中，为学生以后的就业打下良好基础。

企业目标建设：企业目标包括长远目标、中期目标和短期目标，而企业文化的目标建设则主要指远大目标。如果将职业学生实习训练中引入企业目标化管理，对学生实习训练目的性的引导、实践操作技能的掌握、实习成绩的考核及评价具有积极的意义。

企业哲学：也称经营哲学，是一个企业特有的从事生产经营和管理活动的方法论原则。它是指导企业行为的基础。这是企业经营业务的指导思想、经营方针和经营战略综合体现。企业经营策略定位准确，才能推进企业健康发展。一个企业在激烈的市场竞争环境中，面临着各种矛盾和多种选择，要求企业有一个科学的方法论作为指导，有一套逻辑思维的程序来决定自己的行为，这就是经营哲学。例如，日本松下公司"讲求经济效益，重视生存的意志，事事谋求生存和发展"，这就是它的战略决策哲学。北京蓝岛商业大厦创办于1994年，它以"诚信为本，情义至上"的经营哲学为指导，"以情显义，以义取利，义利结合"，使之在创办三年的时间内营业额就翻了一番，跃居首都商界第4位。了解企业哲学对高职学生为自己规划职业目标有着积极的作用。

企业员工职业道德：职业道德是企业员工在履行本职工作中所应遵守的行为规范和准则的总和。它包括职业观念、职业情感、职业理想、职业态度、职业技能、职业纪律、职业良心、职业作风等方面内容。职业道德是企业评判一个合格员工最基本的条件。高职院校面对信息高速发展的今天，应在校对学生的职业道德进行必要的培训，一个人的职业道德声誉将直接影响他的职业生涯和事业成就。所以，对职业学生进行必要的职业道德培训和学习，是对职业学生甚至整个社会环境的规范化和提升人文素质都是颇具积极意义和多赢的善举。没有执行力的企业，是空谈理想抱负和盲目的企业；没有职业道德的员工，是企业执行力不力的主要内因，而没有职业道德的员工，则是个人、企业和整个社会的不幸和悲哀。所以务必从高职学生抓起，使学生成为具有职业道德的优秀员工打下坚实的基础。

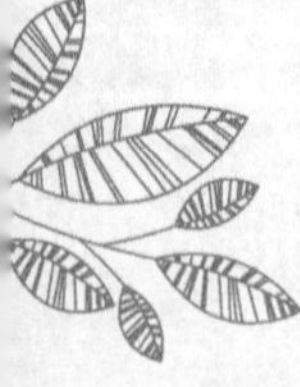

企业形象：这是社会公众和企业员工对企业的整体印象和评价。它是企业文化的综合表现，其本质是企业的信誉度。主要内容包括产品及服务的价格和质量、产品的品牌信誉、企业的内外人际环境、企业的社会责任感及企业的物质文化环境等。

高职教育的职业本位要求学校对学生在校期间就要进行职业意识的培养、职业能力和职业道德的训练、职业习惯的养成，实现从学生到职业人的转换，这就需要学校按职业要求设置一些职业环境，建立职业知识、能力、素质培养体系。推进校园企业文化建设，使高职学生步入企业时能够尊重劳动、尊重知识、尊重人才、尊重创造。站在企业的角度观察、思考，成为合格的职业人才，满足企业参与现代市场竞争的需求。

三、高职学生加强企业文化素质教育的主要内容

企业价值观是企业文化的核心。在高职教育中，应使学生初步了解：什么是企业价值观，企业价值观是如何形成的，企业价值观在企业及企业文化中处于何种地位、具有什么作用，作为企业的一员如何体现和贯彻企业价值观等。

企业精神与企业家精神：企业家精神—企业精神—企业价值观—企业文化是企业文化生成的基本链条，同时它们也是相辅相成的。应该使高职学生初步了解：企业精神构成企业核心价值观，企业精神从企业家精神转化而来。企业家精神最基本的内涵是“着手工作，寻求机会，通过创新和开办企业实现个人目标”。在高职教育中，应让学生明确道德价值观是企业家精神形成的核心特质。

企业的社会责任：对于企业社会责任，正如海尔集团首席执行官张瑞敏所提出：“海尔应像海，为社会、为人类做

出应有的贡献。只要我们对社会和人类的爱‘真诚到永远’，社会也会承认我们到永远，海尔将像海一样得到永恒的存在”。高职学生融入到企业中应积极投身社会公益事业，用真情回报社会，肩负社会责任。

企业文化的运作模式及其创新：企业文化体系的建立、传播的实施及机制的保障等运作模式和运作机制等方面的了解，应该成为与高职学生基本职业技能一样重要的基本职业素质和能力。

企业行为规范与学生必备的职业素养：企业行为规范既是企业文化的外在规范形式，也是对企业员工行为的一种激励和约束机制。高职学生的企业文化素质培养，最终都将落实在这一层面，即对企业的认同感、诚信意识、敬业精神、职业道德、执行力、权益意识等。从企业员工的职业发展而言，这些不仅是企业的行为规范和基本要求，更是企业员工必备的职业素养。

第二节　职业院校企业文化构成及培养途径

一、高职校园企业文化构成要素

我国高等职业教育的发展史较短，高等职业教育缺乏文化的积累。高职毕业生达不到企业标准的是文化认同和基本素质远高于技能和知识。高职生如何顺利融入企业的团队中，成为摆在每个同学面前的难题，学生实地感受和接触企业环境机会很少，工业文化、企业文化的家庭熏陶作用微乎其微。校企文化差异随处可见，如人际关系之间的差异；基本素质和能力培训方式不同，学校培训基本上是目的明确式教育，企业最典型的培训方式是在工作中学习的方式，针对性的学习培训已经贯穿在平时工作中了；校企教育层面的差异，学校在成本意识、安全意识和质量意识方面也缺乏相关的教育；学生进入企业后，企业要重新对学生进行观念的引导、行为的修正和良好的工作习惯的培养；学生进校前，对工业文化含义与外延、企业管理基本知识、知名企业的发展史等几乎一无所知，对身边的企业知之甚少；学生对尊重隐私、换位思考、团队协作、遵守规则、守时等认同度较弱。在职业教育校企合作中，学生与员工的文化差异随处可见，企业对于职业院校毕业生的工作文化素养的满意程度远远低于对其知识技能的满意程度。职业学校与合作企业在思维、管理、决策和执行层面的文化差异也十分明显。

职业教育改革创新发展应以人为本，提高学生服务国家人民的社会责任感、勇于探索的创新精神和善于解决问题的实践能力。高职院校应借鉴优秀企业文化，培育具有职业学校特点的校园文化，强化学生诚实守信、爱岗敬业的职业素质教育，加强学生就业创业能力和创新意识培养，促进职业学校学生人人成才。

校企文化的建设应从三方面着手解决：一是表层文化即

是物化文化，主要是学习场所及环境的布置应符合专业特色，具有企业的文化氛围；二是中层文化，主要指的是制度、管理及生活方面的内容，也就是需要用企业的理念来贯穿高职教育的过程，使学生提早适应企业的约束、管理，将企业的具体标准灌输给学生；三是深层文化既是观念文化，主要指的是企业自己所独特的观念，如企业的目标、企业的宗旨、企业的精神、企业的道德等。具体的校企文化的内涵如图 10-1 所示，高职院校可按照图中的示意进行构建。

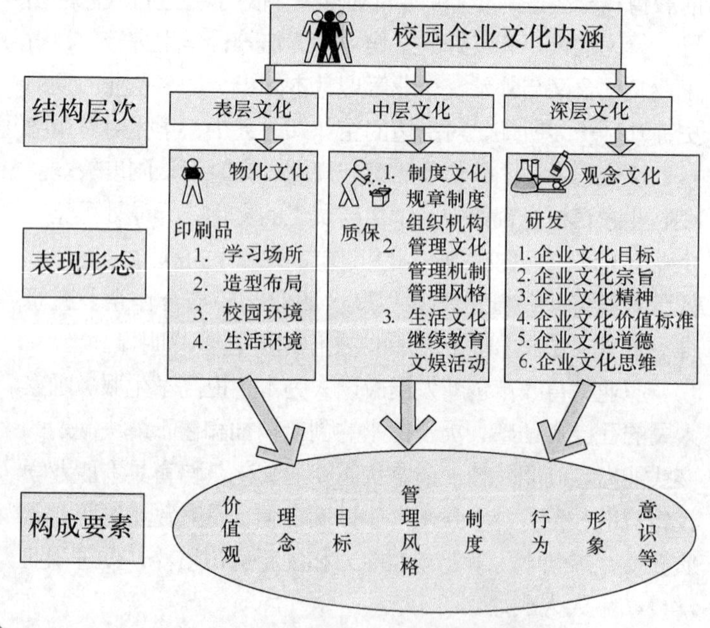

图 10-1 高职校园企业文化内涵构成图

二、培养高职学生企业文化素质途径

企业文化素质教育纳入教育教学计划之中。高职院校不仅培养学生的应用技能，而且应该培养学生的文化素质，特别是企业文化素质。

高职校园营造具有企业氛围的职业院校的育人环境。如基础建设、环境设施、教学实训场合、图文宣传橱窗等，建立具有专业特色的企业形象宣传区域，通过宣传区域彰显学校与企业的联系，体现出高职院校与企业紧密结合的办学理念。企业形象是企业的表层文化，是指得到社会认可的企业文化的综合反映和外部表现。企业形象有其深厚的企业文化内涵，企业文化是企业形象的具体内容。高职校园内的企业形象宣传区域，可以显示企业的价值观念、目标、管理风格、精神信条、制度、员工素质等。高职院校可以利用产学研结合的校企合作环境，积极主动地参加社会团体及企业界的各种活动，通过企业参观等方式将企业先进的设施设备，先进的生产工艺流程、行为规范和工作标准让学生领悟，同时也可聘请企业专家宣讲企业文化与前沿生产技术，积极营造高职院校面向经济社会第一线的职业氛围。

高职院校将企业的管理制度及管理理念引入教育教学，通过课程、教学、实践等环节对学生进行企业文化渗透，课程改革对接职业岗位需求，根据职业岗位群要求，校企共构人才培养方案、共建课程体系、共施技能训练、共育“双师”队伍，共定考核评价标准。高职院校可聘请企业管理层任教，企业教师运用自身丰富的理论知识和实践经验，在教学中深入浅出，让学生能够更好地理解和接受，与企业教师的近距离接触，缩短了学生与社会的距离，加速了学生的职业化培养。学生的综合职业能力及职业素养在校企紧密结合实践中得到提高，使学生在校就能提前了解企业的文化理念，对企业管理进行感受，缩短了学生的企业适应期，达到高职院校为社会培养更多适应社会经济发展的复合型技术人才的目标。

高职院校将企业观念及企业道德规范等引入到的教育活动中，要使企业文化进校园的深层文化即观念文化的渗透，如企业的核心价值观、企业精神、企业目标等。观念即思想和意识，观念的继承和发展反映着人类社会发展的基本趋势和方向。企业观念是企业发展的源动力，更是企业的灵魂。只有不断地对固有观念进行更新，对传统观念进行摒弃，对先进观念进行吸收，企业才能够在做大做强的道路上越走越远。观念之所以在企业发展过程中具有重要地位和作用，就在于其所具有的使用价值。观念的使用价值即观念的有用性，就是能够给人对事物的认知、态度提供一个背景和基础，人们往往是因为具有某种观念而具有了某些认知和态度。高职院校应针对专业的要求将企业观念灌输给学生，学校可利用企业教师对学生进行培训，学生顶岗实习、实训的内容增加对企业文化素质教育和训练的内容，并以此作为实现学校与企业在企业观念教育中直接对接和双向贯通的重要桥梁。其实对高职人才的培养很大程度上就

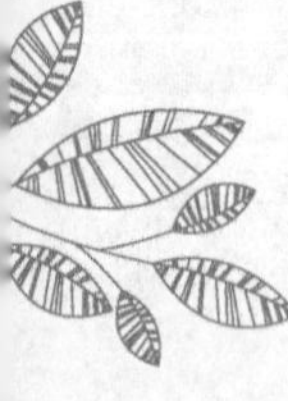

是观念的培养，只有具备了企业所需要的观念素养，才能够构成企业核心文化的秉持者、执行者和宣传者。

总之，企业文化是企业的灵魂，也是高职院校校企合作深度的一个重要方面。面对科学技术的迅速发展和科学、技术、生产一体化趋势的加强，为适应经济发展和科技进步及培养复合型技术人才的需要，高职院校应加强学生企业文化教育，引导学生关注企业文化，帮助学生适应未来就业企业的文化是高职院校和企业共同的责任，把企业文化的要素融入高职教育教学中，逐步形成一套新的高职院校文化系统。

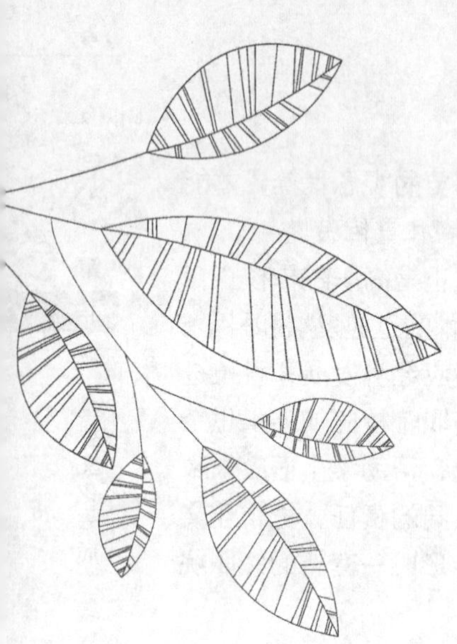

第十一章

创造、创意与创业

Chapter 11

创造、创意、创业是现在职业领域应用频率很高的词汇，创造素质、创意素质、创业素质又是职业领域要求职业者最重要的素质。随着知识经济社会的向前发展和市场竞争的日益白热化，这些素质就会越来越重要。本章主要来探讨创造、创意素质、创业素质的培养以及相关的问题。

第一节 创造、创意素质及其培养

一、创造、创意的概念

创造，是一个非常迷人的词汇。人类的创造从发明石器的时代就已经开始，几千年来，人类追求真善美，在改造生活方式、生活环境的同时，创造了光辉灿烂的物质文明和精神文明。人类的创造性素质随着科技的不断发展而不断地提高。

创造的历史虽然如此悠久，但是对于以“创造”为对象的研究却起步很晚。在中国古书《汉书·叙传下》有一句“礼仪是创”一句话，颜师古注：“创，始造之也。”这大概是“创造”一词最早的出处了。在西方，出现“创造”一词则比较晚，开始出现是和神学联系在一起，因为他们认为只有上帝才有创造力。直到 19 世纪，才在艺术领域应用“创造”这个概念。在现代，“创造”成了一个非常广泛的概念，几乎用于所有生产和生活领域。当然，也应用到了各个职业领域，并且将创造力作为衡量职业人员的最重要的素质之一。

所谓“创造”，按照《现代汉语词典》的解释，就是：“想出新方法、建立新理论、做出新的成绩或东西。”《韦氏英文大辞典》认为创造就是“赋予存在”，即产生前所未有的事物。一些心理学家和创造学者认为“创造”这个概念应有狭义和广义之分。狭义的创造是指提供新颖的、独创的、具有社会价值的产物（物质的或技术的），如科学发现、技术发明、新产品的创造、文学艺术创作等；广义的创造则是指对本人来说，提供新颖的、前所未闻的产物的活动，是本人在没有参照的情况下独立探索获得的。一般来说，创造具有新颖（奇）性和独特性的特征。

所谓“创意”，就是创造性的意念、主意、点子。它是香港等地区常用的词汇，主要用于创造性思考、谋划阶段。

二、创造类型

心理学家泰勒根据创造内容以及复杂程度将创造区分为以下五类。

1. 即兴式创造

因境而生，即兴而发，随兴而为的创造。不考虑效果。

2. 技术性创造

发展各种技术，以产生更完善的产品。以技术性、实用性、精密性、优美性、完善性为其特点。不太注重产品的创新程度。可以模仿、应用已有的原理或理论解决现实问题。

3. 发明性创造

不产生新原理、新原则，但是，产品具有比较大的创新和社会效益。如爱迪生的白炽灯、贝尔的电话等发明。

4. 革新式创造

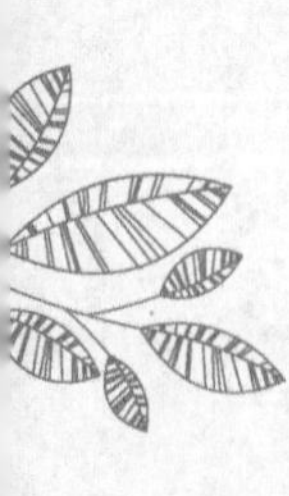

反映了创造者敏锐的洞察力、领悟力，并以高度抽象化、概括化的技巧，深层地发现原理原则以及概念背后的真理。

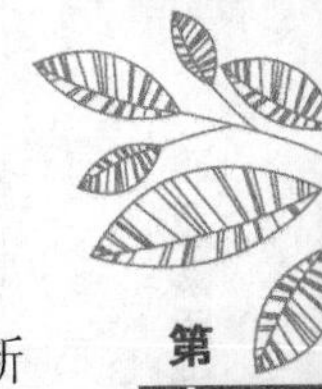

如马克斯、恩格斯的唯物辩证法等。

5. 深奥的创造

以简驭繁、一以贯之，以丰富的胆识和气魄，发现崭新的原理或者新学说。如哥白尼“太阳中心说”、爱因斯坦“相对论”等。

三、创造过程

关于创造过程理论，也有很多研究、很多见解，比较公认的是心理学家沃勒斯的四阶段说。

1. 准备阶段

包括必要的知识、信息资料的搜集，相关经验的组织，技术设备的筹集和其他条件的构建等。

2. 酝酿阶段

拟定解决问题方案，探索尝试，遇到一时难以突破或者长久不得要领而到了“疑无路”之际，可以采取各种积极休息或者交替研究不同课题等方式，暂时将问题放置一边，让潜意识工作，就像“母鸡孵小鸡”进入“孕育期”一样。

3. 豁朗阶段

被放置一边的问题，经过潜意识工作，一旦遇到某种合适的信息的触动或刺激，新的创意就会闪现，出现“豁然开朗，一通百通”的境界。这就意味着直觉的呈现或者灵感的光顾，使问题获得解决。

4. 验证阶段

经过豁朗阶段，创造产生了质的飞跃，但是所得结论还需要事实的证实。即新的观点或结论，要经过严格的逻辑推敲、完善，以及实践的验证。

四、创造性思维（创意思维）

关于“思维”，《现代汉语词典》有两个解释：一是人类特有的精神活动，是“在表象、概念的基础上进行分析、综合、判断、推理等认识活动的过程”，是从社会实践中产生的；二是进行思维活动，思维具有概括性、间接性和预见性等特征。思维是一种能力，即思维力；思维也是一种素质，是只有人类才有的素质。

创造性思维（创意思维），就是创造性的精神活动及其过程，是创造性人才的最重要的素质。人能思维，特别是进行创造性思维，就能产生创意、创造，从而能改变世界，塑造自己。

创造性思维的类型很多，主要有发散思维和集中思维、形象思维和抽象思维、直线思维和多维思维之分。还有侧向思维、逆向思维和从后思维等。

1. 发散思维

发散思维又称为辐射思维、求异思维等。它是以解决问题为中心向多维方向思考、想象、推测、探索解决问题方案的一种思维。这是一种开放性思维，无拘无束，可以凭借直觉、联想、想象、灵感和臻美等创造性思维因子，海阔天空地开展思维活动，具有流畅性、变通性、变异性和独特性等特点。理论上，凭借这种思维，可以构思出无穷多的解决方

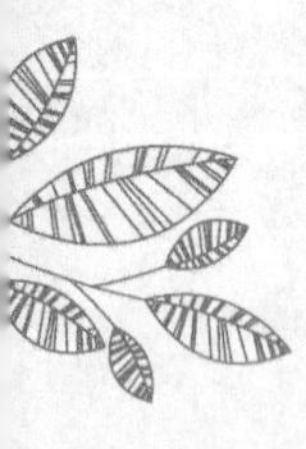

案，从中可以选择出最佳解决方案。因此，发散思维是最重要的创造性思维。

2. 集中思维

集中思维又称为收敛思维、求同思维等。它是从解决问题的众多方案中选择或整合出一种最佳方案的思维。这是一种“殊途同归”的思维活动。发散思维在前，集中思维在后，这是创造性解决问题的一般过程。

3. 逆向思维

逆向思维又称为反向思维，是发散思维的一种特殊形式。它是向原来方向的相反方向进行思维的一种活动。导弹就是利用这种思维发明出来的。

4. 从后思维

从后思维是一种从后来事件推测前面事件的思维活动，即从后向前或从高级向低级推测的一种思维活动。马克斯、恩格斯运用从后思维，从资本主义社会经济发展规律推测出封建主义社会经济发展规律直至原始社会经济发展规律，从而发现了人类社会发展的基本规律。

5. 形象思维

形象思维是凭借事物的生动形象、表象，按照描述和审美逻辑的规律进行的思维。思维的主要形式有表象、联想和想象。表象是具体形象在人脑中的反映，两个表象联结起来的思维，就是联想；将两个联想联结起来的思维，就形成想象。形象思维在创造性思维中有着独特的作用，也是高职生的思维特点。

6. 抽象思维

抽象思维是凭借概念并按照逻辑规律而进行的思维。其思维的主要形式有概念、判断和推理。所谓概念，就是一般化了的表象，是事物本质属性的反映；判断是两个或多个概念的联结；而推理，则是两个或多个判断的联结。逻辑学中有两种抽象思维方法：归纳法（从个别到一般）和演绎法（从一般到个别）。

五、创造性素质的培养

创造性素质的培养主要包括创造性思维的广度、深度、速度和精度的培养。

1. 视角泛化训练

创造性思维的广度体现在思维角度或者看问题的角度（简称为视角）的扩大（或者称为泛化）和变换上，简称为视角泛化。视角泛化训练类型及说明见表 11-1。

表 11-1　　视角泛化训练

视角泛化类型		简要说明
主体泛化	自我视角	以自我为中心，以个人的目的、需要、兴趣、喜好、价值观、审美观等作为标准，衡量思维对象，构思创意方案，解决创意问题
	非我视角	站在对方角度或者他人角度，衡量思维对象，构思创意方案，解决创意问题
	大我视角	站在整体（群体、集体、民族、国家、人类等）角度衡量思维对象

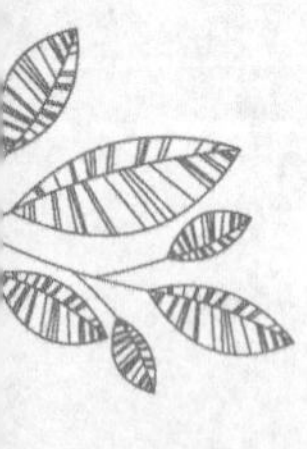

续表

视角泛化类型		简要说明
历时泛化	今日视角	从现在或者“当今”的角度衡量思维对象，构思创意方案，解决创意问题
	往日视角	从过去或者“历史”的角度衡量思维对象
	来日视角	从未来或者“发展”的角度衡量思维对象，构思创意方案，解决创意问题
定性泛化	肯定视角	先假定构思的创意是正确的、合理的、有价值的，找出其优点、长处和价值
	否定视角	从负面思考构思的创意是不正确的、不合理的、无价值的，找出其缺点、短处和问题
	待定视角	反复用肯定视角和否定视角，衡量思维对象，找出或发现解决问题的新方案
比较泛化	求同视角	对千差万别的事物进行类比或者联想，找出相同点，发现新创意
	求异视角	从千差万别的事物中进行类比或者联想，找出相异点，标新立异，发现新创意
	求合视角	即求同视角和求异视角结合起来，反复推敲，发现新的创意
操作泛化	无序视角	突破各种思维框架（法则、规律、定理、公式、规范、原则、常识等），进行“混沌型”的无序思考，充分运用直觉、联想、类比、想象或灵感、审美等思维，进行创意
	有序视角	按照一定的逻辑思维进行构思，找出创意方案
	超序视角	反复多次运用无序视角和有序视角，进行创意，以获得完全非凡的创意

续表

视角泛化类型		简要说明
情理泛化	情感视角	也称为非理性视角。任凭感情的驱使，进行创意
	理性视角	按照理性思维（逻辑思维或者审美思维），进行创意
	理想视角	将情感视角和理想视角结合起来，列举出创意对象的希望点，发现最佳创意方案

2. 创造性思维深度的培养

思维深度是思维深刻性的标志。主要从以下各方面培养：透过现象抓住本质，从具体领域深入到抽象领域，从事物现状把握其发展过程，从原因追溯到结果或者结果追溯到原因。譬如，想设计一扇“门”，就要从各种具体的门抽象出“门”的基本属性：方便人出入房间，并保持房间的完整性等。设计师可以从这个概念，构思各种各样的门……将思维深度加深一个层次，就能在眼前展现一个更广阔的世界。在解决现实问题时，如果能从更高的抽象层次上看，也许能呈现广阔的解决问题的时空。

3. 创造性思维速度的培养

在许多情况下，必须限定解决问题的时间，如果过期，可能蒙受某种损失。还有，某项创意若是超过期限，就可能失去其价值。因此，创意、创造也要讲究解决问题的速度。加快思维速度的训练方法主要有两种：纵向进退（沿一条思路前进或后退，找出解决问题的方案）和横向转换（不断变换思路）。

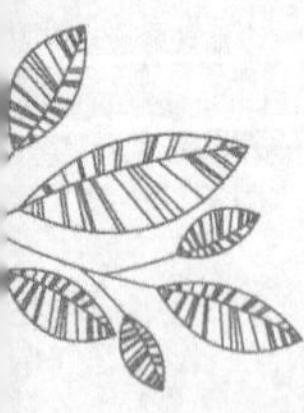

4. 创造性思维精度的培养

有的创意要求有很高的精确度，要充分地进行“精确观

察”、“精确记忆”、“精确思考”、“精确判断”等训练。

第二节 创业素质及其培养

创业已经成为高等学校毕业生的一种新模式、一条新途径。它所蕴含的生机和发展趋势，会引发一系列观念、体制、人才培养模式的变化。创业是高等学校毕业生凭借其创业素质和才能，对其职业生涯或人生生涯的探索。因此，高职院校和高职生都应当重视创业素质的培养。

创业素质是知识经济社会人才素质的重要内涵之一。所谓“创业素质”，是指在人的心理素质和社会文化素质的基础上、在环境和教育的影响下，形成和发展起来的、在社会实践活动中比较稳定、全面地表现出来并发生作用的身心组织要素结构及其技术水平。简单来说，“创业”就是创造事业；“创业素质”就是创业必备的各种素质的综合。创业素质全面影响和制约着创业实践活动的成败，是创业实践活动启动、操作、维持和可持续发展，以达到创业目标的主体因素。

创业素质系统主要由创业意识、创业知识结构、创业能力和创业思维技法四个要素构成。创业思维技法实际上就是创意创造思维技法，将在下一节阐述。

1. 创业意识

创业意识，是指在创业实践活动中对个体起动力作用的个性意识倾向，主要包括创业者的需要、兴趣、动机、理想、信念、自信心、世界观和价值观等非智能心理因素。创业意识是创业者开展创业活动的前提。引导和自我培养创业意识要做好以下工作。

（1）全面理解创业的深刻含义和价值。创业是一种奋发图强的精神、一种贡献社会的信仰、一种自我创造的意识、一种全面发展的素质。全面理解自主创业的内涵，有助于获得创业的成功和可持续发展。例如，著名企业家比尔·盖茨、乔布斯，著名导演斯皮尔伯格，都是在大学期间就开始创业的，并取得举世闻名的成功，做出了很大奉献。

（2）踏踏实实增强创业意识。创业意识需要勇气、胆量和魄力。这些素质不是与生俱来的，也不是天上掉下来的，需要自我不断地学习、积累和强化。

（3）积极参与创业实践活动。即积极参与职业实践、社会实践活动，体验创业的甘苦和乐趣。

（4）转变就业观念。在市场经济日益壮大发展的情况下，国家不可能为所有从业者创造就业机会，自谋职业、自主创业将成为全新的就业形式，而且自主创业是为自己早日建立伟业、奉献社会的极好机会，何乐而不为。

2. 创业知识结构

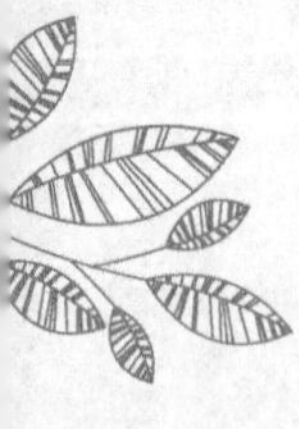

创业需要综合的系统职业知识，即合理的创业知识结构，主要包括职业、行业和专业知识，经营管理知识，处理人际关系知识，有关的法律知识等。职业直觉、灵感、创意和决策等来自于知识的沉淀，没有基本理论和职业实践知

识，就谈不上直觉、灵感、创意和正确的决策。

3. 创业能力

创业能力是指影响创业实践活动效率，促进创业实践活动顺利进行和可持续发展的创业主体的心理条件，主要包括学习能力、方法能力、社会能力和专业能力

（1）专业能力是创业的前提。主要是指与企业经营管理相关的主要岗位或岗位群所要求的能力、新技术能力，以及处理环保、能源、质量、安全、经济、劳动、法律法规等问题的能力。

（2）方法能力是创业的基础能力。主要包括接受和处理相关信息的能力、捕捉市场机遇的能力、分析和决策能力，联想、迁移、类比和创意创造能力，申办企业能力、决定企业结构和布局的能力，发现和使用人才的能力、理财能力、调控能力等。

（3）社会能力是指创业过程中所需要的行为能力，与前述的情商的内涵有很多共同之处，是创业的核心能力，主要包括人际交往能力、谈判能力、企业形象策划能力、和谐合作能力、自我约束能力和承受挫败的能力。

第三节　创意创造思维技法

创意创造思维技法多种多样，本书归纳为八大类：联想法、组合法、类比法、臻美法、变异法、模仿法、灵感法、

假想法。本节简述前六类。创业者应当系统地掌握和运用这些技法，并使之成为创业素质的重要组成部分。

一、联想系列创意创造思维技法（简称为联想法）

联想是由一事物想到另一事物的心理过程，即由此及彼的心理过程。建立在联想思维基础上的创意创造思维技法是其他系列创意创造思维技法的基础。

联想是非常重要的、普遍的思维模式。心理学家研究证明，两个事物或概念之间都可以经过 4 ~ 5 个步骤建立起联想的关系，例如，木头和皮球似乎不相关，但是通过木头—树木—田野—球场—皮球这一系列联想，就把两者联系起来了。这种联想系列被称为联想链。如果每个事物每一步都能同大约 10 个事物发生联想关系，那么第 5 步就会有 10^5 的联想机会。可见联想就有及其广泛的基础。

联想的类型非常多，可以归纳为接近联想、相似联想、对比联想、因果联想、质疑联想、审美联想、离奇联想、强制联想八类。根据这些联想类型就形成了八类联想创意创造思维技法。世界上最著名的联想法，就是奥斯本发明的头脑风暴法。

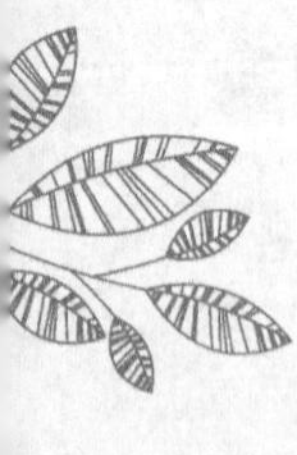

二、组合系列创意创造思维技法（简称为组合法）

将若干相同或者不同的思维组合在一起，可能构成新的想象，就可能形成新的创意创造。因此，创造学认为：“组合是想象的本质特征”。建立在想象组合思维基础上的创意创造思维技法，就称为组合系列创意创造思维技法。

想象组合的内涵、形式和方法更是多种多样，例如，目的组合、功能组合、性质组合、想法组合、形态组合、结构组合、部分组合、整体组合、步骤组合、方法组合等。这些组合构成多角度、多途径的组合。

组合可以是大范围、跨时空的组合，被称为超时空组合；组合可以是跨越学科、跨越研究领域的组合，被称为跨越组合；组合还可以超越一般常规、常识的类比。实用的组合法很多，比较有名的方法有：检核表法、形态分析法、列表法、信息交合法等。

三、类比系列创意创造思维技法（简称为类比法）

根据两个比较对象之间在某些方面的相同或者相似，推断出其他方面的相同或者相似而产生的创意创造思维技法，就称为类比系列创意创造思维技法。

类比法按其类比原理可以分为直接类比、拟人类比、象征类比、仿生类比、因果类比、对称类比、幻想类比、综合类比 8 种。著名的类比法有提喻法等。

四、臻美系列创意创造思维技法（简称为臻美法）

所谓“臻美”，就是达到美好境界的意思。如渐臻佳境。按照“臻美”原理形成的创意创造思维技法，就称为臻美系列创意创造思维技法。常用的臻美法有补美法、求奇法、缺点列举法、希望点列举法等。

五、变异系列创意创造思维技法（简称为变异法）

所谓“变异”，就是改变形态、结构、大小、色彩、声音、味道、方法、顺序、形式、技法、材料、质地等进行新的创意创造。根据“变异”原理进行创意创造思维的技法，就称为变异系列创意创造思维技法。

六、模仿系列创意创造思维技法（简称为模仿法）

按照各种模仿原理进行创意创造思维的方法，就称为模仿系列创意创造思维技法。常见的有思想模仿、功能模仿、原理模仿、形态模仿、结构模仿、色彩模仿、技法模仿、风格模仿、图案模仿等。

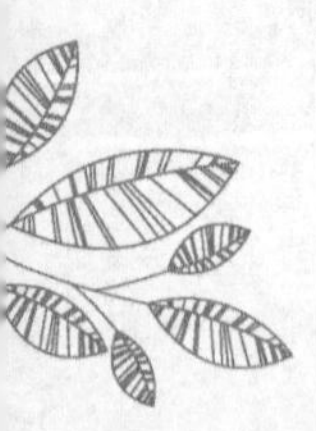

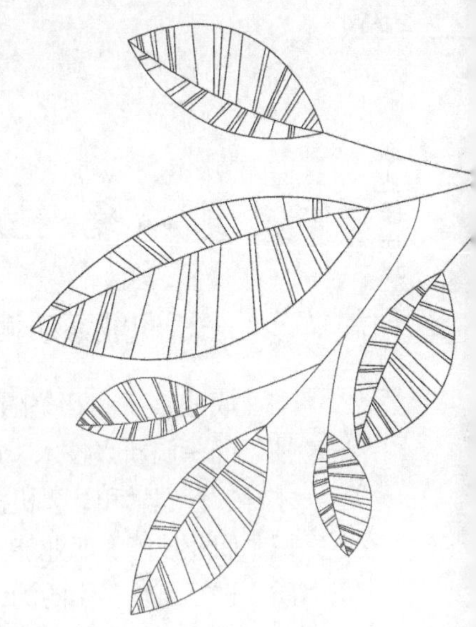

第十二章

职业素质测评

Chapter 12

职业素质测评，作为自我认知职业素质水平、做好职业生涯规划和就业、创业准备的具体工具，对于高职生具有重要意义。

第一节 职业素质测评概述

一、职业素质测评的含义

职业素质测评是随着现代科学教师和市场经济发展而抽象的一门新兴技术。它综合利用心理学、心理测量学、人才学、管理学和计算机技术等学科知识，对从业者的职业知识、职业技能、职业能力、职业个性与气质、职业倾向等素质，进行比较科学的测评，使高职生或从业者能认知自己职业素质的整体水平以及各种素质的状况与差距，以便进一步提升其素质；同时，也为高职院校改善职业素质教育提供可靠的依据，也可为用人单位招聘人才提供参考。

二、职业素质测评的内容

职业素质测评的内容主要包括：职业动力因素、职业能力因素和个体特质因素等。

1. 职业兴趣测评

职业兴趣能反映职业特点和个体特点之间的匹配关系，是从业者进行职业选择的重要依据和指导。职业兴趣测评可以帮助从业者明确其主观性的职业倾向性，甄别可能取得最大效益和成功的职业，帮助高职生进一步明确就业或创业方向，做出正确的就业或创业决策。

2. 职业能力测评

职业能力测评是用来测评就业者的将来职业才能或可能的职业成就。不同的职业测评的内容必然会有所不同。有的职业侧重操作技能的测评，有的侧重运动技能的测评，有的侧重心智操作技能，有的侧重口头或书面表达能力，有的侧重创意创造能力的测评。

职业能力测评不同于一般的智力测验，也不同于具体专业知识、技能测验，主要是预测被测者在未来职业岗位上取得成功的可能性。通过这种测评，可以帮助被测者根据自己的能力、个性，确定职业性向和目标，尽可能发挥自己的潜能，提高职业能力，并提高其职业场上的竞争力。

此外，还有职业人格测评、就业和创业分析测评，以及职业操作能力测评等。

第二节 职业素质测评的方法和程序

一、职业素质测评的方法

1. 职业兴趣测评

职业兴趣是职业多样性、复杂性与就业者自身关系的多样性相对应下反映出来的一种特殊的心理特点，一般指从业者对欲从事的职业的愿望或偏好。一个人职业上的成功，不仅取决于其职业能力倾向，而且与其职业兴趣有着极其密切的关系。在职业方面取得成就者除了他自身具有卓越职业才能，往往是由于他对所从事的职业有着浓厚的兴趣和热爱。

至今，心理测量学对对职业兴趣测评的研究很多，但多数集中在比较稳定的职业兴趣方面。下面着重阐述霍兰德职业兴趣测验（SDS）法。其核心假设是，人可以分为六类（见表 12-1），职业环境也可以分为对应的六类，人格与职业环境的匹配，是形成职业满意度、成就感的基础。该法适用于高职生，以及在职但希望转行的职业者自测使用。

表 12–1　　职业兴趣、人格类型的匹配

职业兴趣	基本人格倾向	典型职业
现实型	喜欢规则的具体劳动和需要基本操作技能的工作，缺乏社交能力	技能性职业（技工、修理工等）技术性职业（摄影师、机械装配工等）
探索型	具有聪明、理性、精确、批评等人格特征，喜欢抽象的、分析的、独立的定向研究性职业，缺乏领导才能	科学研究人员、工程师等
艺术型	具有想象、直觉、冲动、理想化、有创意的特征；不重视实际，不善于事务工作	艺术人才（导演、演员等）文学家（诗人、剧作家）
社会型	善合作、友善、善于社交、善于言谈、洞察力强、关心社会问题、能指导别人	教育工作者、社会工作者

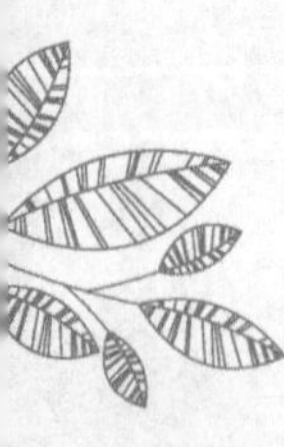

续表

职业兴趣	基本人格倾向	典型职业
管理型	有野心、爱冒险、独断、乐观、自信、精力充沛，喜欢从事领导、企业性质工作	政府官员、企业领导等
传统型	顺从、谨慎、保守、实际、稳重，喜欢有条不紊的工作	办公室工作人员、会计、打字员等

2. 职业能力倾向测评

职业能力倾向是一种潜在的能力，也是一种特殊能力。与经过训练获得的能力不同，它是一种尚未接受教育和训练以前就存在的潜能。而职业能力倾向主要是指与个体成功地从事某种工作有关的能力因素，是一些对于不同职业的成功，在不同程度上有所贡献的心理因素。

职业能力倾向测评具有诊断和预测的功能，可以判断一个人的优势与成功发展的可能性，从而为职业发展提供科学依据。常见的职业能力倾向与典型工作范例，见表 12-2。

表 12–2 常见的职业能力倾向与典型工作范例

能力倾向	描述	典型工作
数量关系	对数字敏感，善于分析、理解和判断事物之间的数量关系	会计、出纳、统计、建筑师、工业药剂师
逻辑推理	根据已有信息，发现和理解事物之间的关系，做出分析和判断	市场总监、研究员、编辑等
语言理解	善于运用语言表达、交流和思考的能力	客户代表、营业员、服务员、教师、演员

续表

能力倾向	描述	典型工作
速度知觉	对各种视角符号(数字、文字等)的快速认知、比较、转换、加工能力	校对员、打字员、文字录入员等
空间知觉、判断	理解事物的空间关系，当其空间变化时，能想象出物体的形状	设计师、室内设计师、工程师、医生
综合分析	能对各种形式的信息理解、分析、综合和加工	办公室主任、分析师、评估师等
动作协调	善于眼、手等协调完成工作任务	驾驶员、飞行员、医生、护士、雕刻家、技工等
手指灵活性	能用手完成精细动作	生产线工人、体育运动员、舞蹈家、画家等

3. 职业能力测评

职业能力既与一般能力(智力)有关，更与特殊能力(专业能力)有关。高职生的一般能力差异不大。人的职业能力倾向(性向)主要指特殊能力。根据职业需要的特殊能力类型，可以将特殊能力与职业对应来划分，见表12-3。

表12-3　　特殊能力与职业对应关系

特殊能力	对应的职业
擅长与物打交道	制图、勘察、建筑、机械制造、会计、出纳
擅长与人打交道	记者、推销员、教师、服务员、行政管理人员、外交联络人员
擅长做规律性的工作	图书、档案管理员、程序管理员等
喜欢从事社会福利和帮助人工作	律师、医生、护士、咨询工作者

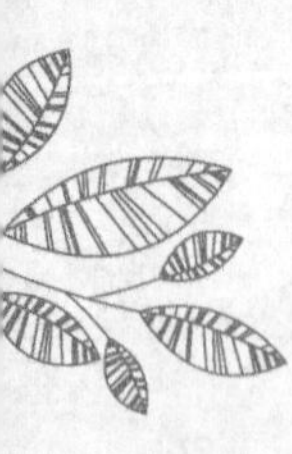

续表

特殊能力	对应的职业
具有领导和组织能力	行政人员、企业管理人员
擅长研究人的行为	心理学、政治学、人事管理、思想政治教育等研究人员
擅长科学技术研究	科学技术研究人员、设计人员
擅长抽象、创造性工作	经济分析人员、各类科研、化验、社会调查等工作
擅长操作技术性工作	机械这种工作者、驾驶员、飞行员等
喜欢具体工作看得见、摸得着并能很快看到劳动成果的工作	手工、装饰、维修等工作者

二、职业素质测评的程序

1. 准备阶段

（1）确定测评目的、对象，准备好测评材料。

（2）选择合理的测评方法和测评工具。

（3）选择测评人员，并进行必要的测评培训。

（4）选择测评时间和环境。

（5）确定测评程序。

2. 分析和决策阶段

（1）分析测评结果，包括统计和解释测评结果。

（2）根据测评结果，参考其他因素，合理判断测评的可靠性和有效性。

3. 检验和反馈阶段

参 考 文 献

[1] 蒋建荣，詹启生．大学生生涯规划导论[M]．天津：南开大学出版社，2005.

[2] 韩志伟，王文博．高等职业教育学[M]．北京：兵器工业出版社，2005.

[3] 王文博．创意思维与设计[M]．北京：中国纺织出版社，2005.

[4] 李万杰，王文博．信息时代成功学[M]．北京：中国纺织出版社，2005.

[5] 曹建华．高职学生素质提升训练教程[M]．北京：国防工业出版社，2011.

[6] 李斌．高职大学生职业道德教育理论与探索[M]．长沙：湖南师范大学出版社，2005.

[7] 曾玲娟．职业教育心理学[M]．北京：北京师范大学出版社，2010.

[8] 王东莉．大学生修养[M]．杭州：浙江大学出版社，2001.

[9] 龙立荣，李晔．职业生涯管理[M]．北京：中国纺织出版社，2003.

[10] 梁良良. 创新思维训练[M]. 北京：中央编译出版社，2001.

[11] 李兴业．非智力因素与创造力的培养[M]．武汉：湖北教育出版社，2002.

[12] 周冠生. 素质心理学[M]. 上海：上海人民教育出版社，2000.

[13] 贾斌，杜大为. 人员素质与能力测评[M]. 北京：电子工业出版社，2006.

[14] 周文，龚先，方浩帆. 素质测评与职业生涯规划[M]. 长沙：湖南科学技术出版社，2005.

[15] 赵建伟，何玲. 人员素质测评理论与方法[M]. 成都：四川大学出版社，2007.

[16] 许启贤. 职业素质及其构成[J]. 江西师范大学学报（哲学社会科学版），2001.